沒有基礎也ok！

Kokoma

立體造型

手撕麵包

揉一揉、疊一疊，*52*款
可愛‧暖心‧療癒的造型手撕麵包

Kokoma —— 著

擁有幸福魔法的手撕造型麵包

　　第一次看到手撕麵包時，心想「天哪，這也太過分了吧！」好療癒，好舒壓，好想捏捏它們可愛的小圓臉，好想被它們團團包圍喔……（以下省略一千字）！

　　製作這些小麵包時，心情總是一路很雀躍，從可以稍微讓身體運動的揉麵，到等待麵糰發酵，在碗裡漸漸長大的期待，然後 Q 彈的手感轉化成膨軟棉花糖的質地，取出來時常常覺得自己手裡有一朵雲（笑），繼續切分、整圓、貼上耳朵或小手，然後又可以期待它們在模型裡像嬰兒在搖籃慢慢長大，直到烘烤，然後出爐。

　　雖說剛出爐的麵包最好吃，但沒有一次捨得馬上把它們拆下來吃掉，總是像媽媽生了小孩般仔細端詳，看看哪個孩子發得比較圓，哪個孩子表情位置特別可愛，然後心滿意足的把孩子們包起來，送給別人（！）。這些麵包孩子可以散播非常多的歡樂，我享受了整個美好過程，然後跟更多人分享滿足的心情。

　　用麵粉酵母這樣簡單的材料，加上時間和期待，烤出一模可以療癒心情的麵包。謝謝所有促成這本書完成的人事物，謝謝辛苦的編輯大人，謝謝陪我在夜裡畫草圖的小狗們，謝謝住在酵母裡的神仙，讓麵包們發得如此可愛。

　　這是一本寫得很開心的書，也希望它能讓許多人開心：)

kokoma

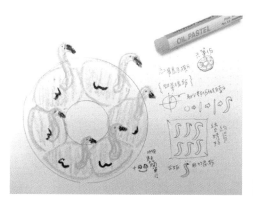

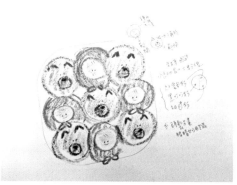

我喜歡參考生活中可愛的小物，

比如玩偶或卡片貼紙等等，

以手邊現有的天然色粉去發想，

先畫出草圖再進行製作，

對我而來每一個過程都充滿療癒與驚喜，

希望大家也能從中得到相同的感覺 ^^。

目 錄

PART 1
歡迎來到手撕麵包的世界

PART 2

< 可愛基本款 > 手撕造型麵包

PART 3

< 療癒進階款 > 手撕造型麵包

PART 4
<創意變化款> 手撕造型麵包

Tools

PART 1

\ 歡迎來到 /
手撕麵包的世界

準備好手撕麵包的工具和材料，
跟著 Kokoma 老師不藏私的教學與貼心小叮嚀，
一起進入可愛的手撕造型世界吧！

基 本 工 具

製作造型手撕麵包時，並不需要非常專業的特殊工具，
只要有以下幾項基本工具就可以開始進行製作。

電子秤

以公克為測量單位的電子秤，
是製作麵包的必備工具，可以
確實測量所需的材料用量。使
用時，先放上攪拌盆再歸零，
再放入欲測量的材料。

攪拌盆

用來混合粉類材料的大碗，並
可將麵團放在碗裡進行發酵。
書中使用的是直徑 20cm 的耐
熱玻璃碗。

量匙

加入酵母粉、糖或鹽巴時，利
用量匙快速又方便。

湯匙

混合水與蜂蜜或其他粉類材料
時，需用湯匙攪拌均均。

刮板

用於切分麵團，或是當麵團黏在攪拌盆或手上時，可利用刮板刮下集中。

保鮮膜

麵團進行發酵時，覆蓋上保鮮膜，能防止麵團變乾燥。

烘焙紙

分隔發酵及烘烤麵團時襯於底部，以防止沾黏。

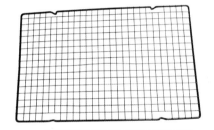

涼架

麵包出爐，放置在涼架上散發熱氣。

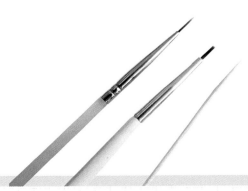

筆刷與牙籤

繪製五官表情或描繪細小花樣時使用。

好 用 的 模 型

手撕麵包可以利用各種模型製作，本書使用以下常見的種類，
即使使用不沾模，仍建議先抹上一層奶油再放入麵團，
以免烤好無法順利取出。

方形不沾模

長條不沾模

空心蛋糕模

小陶鍋

註：也可使用鑄鐵鍋，但因導熱速度較慢，需確保烤箱預熱足夠，烘烤時需比一般模型多 5 分鐘。

圓形切模

心型不沾模

基 本 材 料

高筋麵粉

簡稱「高粉」，日文稱為
「強力粉」。小麥蛋白含
量高易產生麵筋，適合用
來製作麵包。

鹽

鹽在麵包裡的主要作用是
強化筋性，增加延展也能
抑制酵母過度分解。

速發酵母

速發酵母為方便的產品，
可直接使用不須溫水活
化，開封後須冷藏儲存。

水

水為最基本的製作液體，
也可以使用牛奶、豆漿或
果汁來取代。

蜂蜜

加入蜂蜜對發酵與風味都
有加分的作用，也可使用
水飴或果醬來取代。

糖

除了增加甜味之外，糖是
酵母的能量來源，使之產
生氣體讓麵團體積增大。

無鹽奶油

奶油除了能增加香氣，也
是天然的乳化劑，能讓麵
包有細緻柔軟的組織。

裝 飾 材 料

炸過的義大利麵

可以直接用來裝飾手撕麵包，或是用於將兩個配件相接固定。

糖果糖片

用來裝飾於五官或配件，可以增加可愛感。

黑巧克力&白巧克力

通常直接黏貼裝飾，作為眼睛，或是融化後用來繪製五官表情。

細長型餅乾

可直接作為麵包上的裝飾，像是麋鹿的長角。

竹炭粉或黑可可粉

加水調和成濃稠狀，即可用來繪製五官表情。

手撕麵包的基本作法

材料

直徑 18cm 空心蛋糕模

高筋麵粉…130g

砂糖…1 茶匙

食鹽…1/4 茶匙

速發酵母…1/4 茶匙

蜂蜜…1 茶匙

常溫冷開水…80g

無鹽奶油…10g

* 此為基本白麵團配方。

* 也可以用牛奶或豆漿取代冷開水。

* 書中使用的食鹽為喜馬拉雅岩鹽,使用一般食鹽亦可。

* 麵粉的吸水度不同,水量可適度做增減調整。

作法

A │ 混合材料

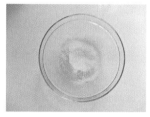

1 先將高筋麵粉放於大碗中。

2 再加入砂糖、鹽,將三者攪拌均勻。

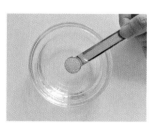

3 取一個小碗,裝入冷開水,再加入酵母。

4 加入蜂蜜,將蜂蜜酵母水攪拌均勻。

5 將蜂蜜酵母水倒入步驟 2 的大碗中。

B | 揉麵團

6 用湯匙大致攪拌一下，讓液體被粉類材料吸收。

7 用手按壓揉合，一直揉到麵團表面不再有粉感。

8 把麵團放到工作檯上，像洗衣服的方式，一手壓住麵團，用另一手的手掌掌根把麵團搓開延長。

輕輕搓揉

9 將延長的麵團再摺回來集合。

10 繼續以一手壓住麵團、固定在檯面，一手以搓長的方式將麵團揉開延展。

11 以相同的方式與方向，持續揉合麵團，直到麵團表面沒有破裂感。

C | 加入奶油

12 將已軟化的奶油放入麵團中間。

13 用手指按壓奶油,讓奶油稍微散開來。

奶油能讓麵包更細緻柔軟喲

14 分別將麵團兩邊稍微拉長再往內摺,將奶油包覆起來。

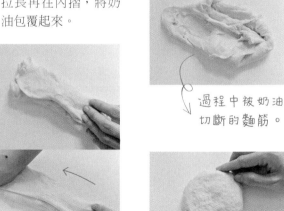

15 用一手固定麵團,一手繼續搓揉麵團。

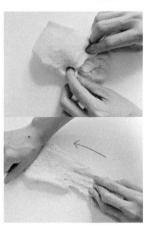

16 將麵團摺回來集中,再繼續推開延展。奶油加入之後麵團會容易破裂,沒有關係繼續揉就對了。

過程中被奶油切斷的麵筋。

17 一直揉到奶油被完全吸收為止。

D｜上色

18 如要加入色粉進行混
色，請見 p.26。

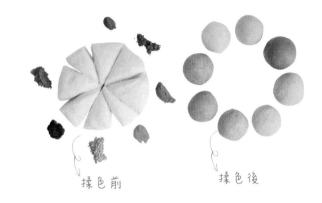

揉色前　　　　揉色後

E｜整形

19 用雙手將麵團平整的
那面稍微往兩側撐開
撫平。

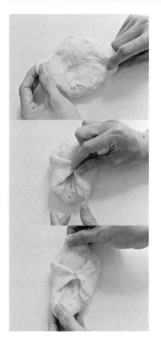

20 翻到背面，將麵團四
周往中間捏合，再繼
續收進其他的邊緣，
一直到所有麵團都集
中收起。

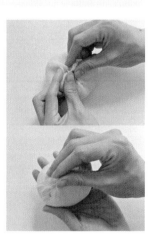

21 用力將收口處捏緊，
讓中間像一個包子。

F | 一次發酵

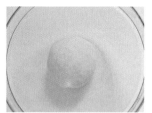

22 將收口處朝下，放進抹了一點點奶油的大碗中。

24 等到麵團膨脹至兩倍大就可以了。

TIPS 也可以以手指沾取麵粉後戳入發酵麵團，如果戳痕一下就回縮密合，即表示發酵不夠，若非常慢速回縮或無回縮就表示可以進行排氣。

25 輕輕將麵團取出至工作檯，用手輕壓、排出氣體。

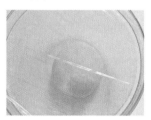

23 用保鮮膜完整保覆住大碗，放在溫暖處進行一次發酵，大約半小時。

TIPS 發酵溫度最好控制於 25 ～ 35℃，溫度越高、發酵則越快。

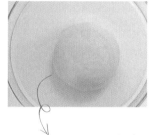

發酵完成的麵團表面，摸起來好像棉花糖。

26 每個地方都要仔細輕壓，烤出來的麵包才不會有大氣泡。

好擠～好擠～

G｜分割整形

27 找出較平整平滑的一面作為表面，輕輕的往兩側撐開撫平。

28 翻到底部，將麵團集中捏緊，如包子狀。

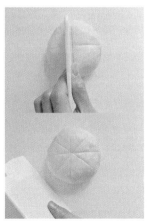

29 將漂亮的面朝上放置，用刮板稍微作分割記號（也可使用磅秤測量）。

30 稍微目測，若分量平均就可以進行切割了。先切成等量的對半，再對半切開成四等分、八等分。

31 找出小麵團平整光滑的一面，往四周撐開撫平。

32 翻到背面，將麵團四周往中間集合包起，把集合處捏緊像一個小包子。

33 將所有小麵團捏好後，收口都朝下放置。

34 蓋上保鮮膜，防止麵團表皮乾燥。

H｜二次發酵

35 在模型內塗上奶油。

36 把小麵團一一放入模形內，先放對角，再放十字型。

37 將所有麵團平均放入模型中。

38 用保鮮膜完整包覆模型，放在溫暖處進行二次發酵，約半小時。

TIPS 發酵發度最好控制於 25～35℃，溫度越高、發酵則越快。

39 等麵團膨脹至 1.5 倍大時，就完成二次發酵了。

TIPS 膨脹體積大小會依發酵溫度而不同，一般來說膨脹至 1.5 倍就可以進行烘烤。

I｜烘烤

40 放入預熱好的烤箱，以140℃烘烤25分鐘。

41 烘烤出爐時，將模型輕敲桌面幾下，以利脫模。

TIPS 以 180℃上下火預熱烤箱，麵包進爐後將溫度調降為 140℃。

TIPS 烘烤中途可以覆蓋錫箔紙，以免淺色麵包著色，可以照自家烤箱火力微調。

42 取出後立刻放於涼架，散除熱氣。

使用的色粉

為了增添口味與製造豐富的色彩效果，通常會在手撕麵包中加入天然色粉或是果泥、食物泥，不過食物泥較難掌握水分，如果太濕難以揉麵，更具挑戰，故本書皆以色粉作為調料。使用色粉時，在烘烤時色澤會褪掉，請務必注意過程中是否需要覆蓋鋁箔紙。

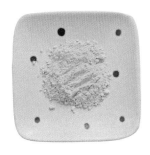

1 胡蘿蔔粉

加入一點胡蘿蔔粉，可以讓人物的膚色更顯自然。

3 紅麴粉

加入紅麴粉就能製造出喜氣的紅色，適合用於聖誕老公公、聖誕花圈等節慶主題。

2 番茄粉

加入番茄粉，可以製造出橘色的色澤。

4 甜菜根粉

各個廠牌的顯色差異較大，若成色較暗，無法揉出討喜的粉紅色，則可用天然紅色粉（胡蘿蔔萃取，非胡蘿蔔粉）取代。

5 黃梔子粉

相較於南瓜粉，黃梔子粉呈現較鮮豔亮麗的黃色。

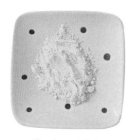

6 南瓜粉

南瓜粉能呈現出較柔和的
鵝黃色。

7 紫薯粉

紫薯粉能帶來粉嫩的紫
色，增加可愛、柔和與浪
漫的感覺。

8 藍梔子色粉

可呈現出晴朗的天空藍。

9 抹茶粉

想呈現綠樹、綠葉，就少不了抹茶粉。

10 可可粉

製作小熊等動物時，絕對少不了可可粉。

11 黑可可粉

比可可粉的顏色更深沉、
濃黑一點。

12 芝麻粉

芝麻粉可以製造出混色的
有趣質感。

13 竹炭粉

竹炭粉常用於為手撕麵包
畫上五官表情時，也可用
於整個麵團。

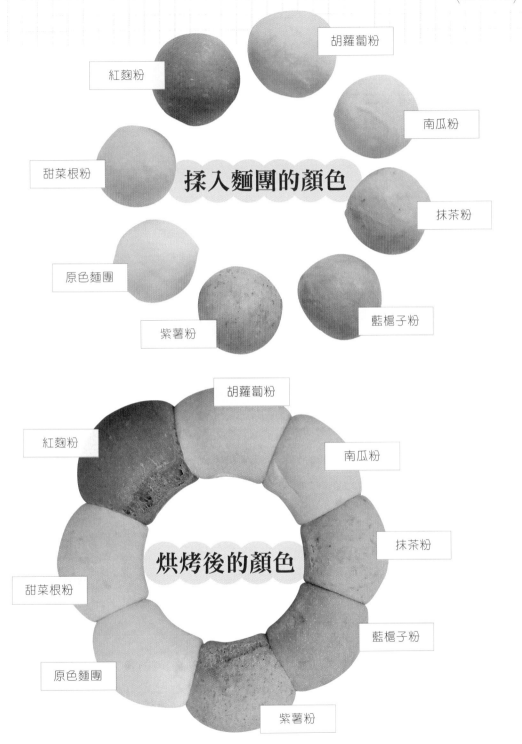

胡蘿蔔粉

紅麴粉

南瓜粉

甜菜根粉

揉入麵團的顏色

抹茶粉

原色麵團

藍櫨子粉

紫薯粉

胡蘿蔔粉

紅麴粉

南瓜粉

抹茶粉

甜菜根粉

烘烤後的顏色

藍櫨子粉

原色麵團

紫薯粉

麵糰上色的方法

1 | 混合色粉與水

麵團發酵前就要進行調色。調色時先取需要的色粉（可混色），加入一點水，水分只需要能讓色粉化開的分量就夠了。

TIPS 色粉調水時，水量絕對不可以過多，調好必須是很黏稠的狀態，以免讓麵團變得濕黏。或者也可以直接加乾色粉揉麵，但不易均勻且會揉久一點。

2 | 沾取色料

色粉調成濃濃的色料後，再將麵團沾取顏色。

3 | 揉和均勻

以揉麵的方式將顏色混合，反覆揉至整體顏色均勻為止。

4 | 整形

找出麵團平整光滑的一面，往四周撐開撫平，多餘的麵團往底部集中，像包包子般收口，將收口朝下放置。

5 | 一次發酵

如果有多色麵團時，需用烘焙紙隔開，用保鮮膜完整包覆後，進行一次發酵。

手撕麵包製作祕訣大公開

一、選擇簡單的款式入門

① **顏色單純**：切分越多、麵團越小時，越容易揉麵過度，建議新手從無調色或一個顏色開始製作。

② **形狀簡單**：簡單的造型可以避免整型過久而導致發酵過度。

二、小心容易失誤的環節

① **整型麵團**：找出較光滑的一面當作表面來包覆收圓，避免成品表面粗糙；製作過程中保持麵團濕度，避免乾燥後不易黏合或產生裂紋。

② **二次發酵**：二發的程度非常重要，新手常因過發而產生出爐皺縮（過度揉麵、麵糰含水量過多、烘烤時間不足也都會造成皺縮），需特別注意，一般來說二發的時間是 30 分鐘，但若室內溫度偏高或者製作時間較長，手接觸的溫度使麵團一直處在 25℃以上，則需要適度減短二發的時間。

③ **畫上表情**：在烤前、烤後畫表情其實都可以，不過因為烘烤後麵包會變大，如果擔心五官位置跑掉，可以等烘烤完再畫在喜歡的位置。

三、烘烤時、烘烤後也不能掉以輕心

① **掌握烘烤溫度**：手撕麵包的低溫烘烤也是麵包容易皺縮甚至整個塌扁的常見原因，為了顧及顏色，無法以一般麵包烤成金黃色的高溫，需瞭解自己的烤箱效能，以 25 分鐘為參考，調整真正所需的時間。

② **適時覆蓋鋁箔紙**：覆蓋鋁箔紙烘烤，是保護麵包表面不要上色的方法，但在烘烤一半之前就要覆蓋，約烤到 10 分鐘時即可將鋁箔紙輕輕放在麵包表面，不需往下包住模型，如果烤箱火力較旺，可更早進行覆蓋。

③ **立即脫模**：出爐後需直接脫模，避免水氣積在底部，麵包模多需利用倒扣脫模，新手很容易在翻過來時壓壞麵包形狀，建議可以麵包久烤足（硬）一些，讓麵包更堅強，翻過來就較不容易產生壓痕了。麵包烤足一點也相對不易產生皺縮的現象，請大家務必試試看。

④ **新鮮保存**：自製麵包無添加任何改良劑，建議當天食用完畢，較能吃到柔軟的口感，如需要保存，室溫可放 2 ～ 3 天，勿密封以免因水氣導致發霉。或出爐降溫後密封冷凍，可保存一個月，食用前微波加熱即可。

Basic

PART2

\ 可愛基本款 /

本章節收錄造型較為簡單的手撕麵包，
使用的色粉組合也較少，
很適合作為麵包新手的入門嘗試喔！

01
Baby Seals

BREAD 01

小海豹

利用基本的白麵團配方，再用黑色的竹炭粉水畫上可愛的表情，
就可以做出這一款可愛的小海豹，非常適合新手入門。

材料

直徑 18cm 空心蛋糕模

高筋麵粉…130g

砂糖…1 茶匙

食鹽…1/4 茶匙

速發酵母…1/4 茶匙

蜂蜜…1 茶匙

常溫冷開水…80g

無鹽奶油…10g

竹炭粉水…適量

作法

A | 製作麵團

1 麵團基本作法請見
p.16 ～ p.21 的步驟
1 ～ 29。

B | 分切麵團

2 將麵團平均分切 8 等
份，每份再切出一小
部分，然後將該小部
分再分成兩半，作為
小海豹的雙手（雙手
每個約 1g，臉部每個
約 27g）。

C | 整圓

3 找出大麵團平整光滑的一面，往四周撐開撫平，多餘的麵團往底部集中，將收口朝下放置。

TIPS 替大麵團整形時，為了避免小麵團變乾燥，需先用保鮮膜覆蓋。

4 大麵團整形完畢後，用保鮮膜覆蓋住，再將小麵團整成表面光滑的圓形。

D | 入模

5 在模型內塗上奶油，再將大麵團放入。

6 將小麵團一一黏在大麵團上。

E | 二次發酵

7 用保鮮膜完整包覆模型，放在溫暖處進行二次發酵，待麵團膨脹至 1.5 倍大即可。

發酵完成

F | 烘烤

8 放入以 180℃ 上下火預熱好的烤箱，以 140℃ 烘烤 25 分鐘。

9 烘烤出爐時，將模型輕敲桌面幾下，以利脫模。

10 取出後立刻放於涼架，散除熱氣。

11 以竹炭粉調和適量的水（材料分量外），畫上喜歡的表情。

02
Gray Cats

 BREAD 02

小灰貓

身邊可愛的小東西、小玩偶，都能成為手撕麵包的創作靈感，這幾隻小貓咪就是無意間看到貓咪玩具「捏造」而來的。微扁的頭型、愛心形狀的鼻子，讓貓咪更加可愛。

材料

直徑 18cm
空心蛋糕模

高筋麵粉…130g

砂糖…1 茶匙

食鹽…1/4 茶匙

速發酵母… 1/4 茶匙

蜂蜜…1 茶匙

冷開水…80g

無鹽奶油…10g

竹炭粉…適量

愛心糖片…8 片

作法

A │ 製作麵團

1　麵團基本作法請見
　p.16 ～ p.18 的步驟
　1 ～ 17。

B │ 上色

2　少許的竹炭粉中加入
　微量的水（材料分量
　外），調和出顏色，
　成為色料。

3　將麵團沾取色料，以
　揉麵的方式將顏色混
　合均勻（調色方式請
　見 p.26）。

C │ 一次發酵

4　找出麵團平整光滑的
　一面，往四周撐開撫
　平，多餘的麵團往底
　部集中，將收口朝下
　放置。

5　將麵團放進抹了一點
　點油的大碗，用保鮮
　膜完整保覆住，放在
　溫暖處進行一次發
　酵，約半小時，等到
　麵團膨脹至兩倍大。

 TIPS 發酵完畢，需用手輕
壓、排出氣體，烤出來的麵包
才不會有大氣泡。

E │ 整形

7　找出大麵團平整光滑
　的一面，往四周撐開
　撫平，多餘的麵團往
　底部集中，將收口朝
　下放置。

8　將小麵團整成表面光
　滑的小圓球。

D │ 分切麵團

6　將麵團平均分切 8 等
　份，每份再切出一小
　部分，作為貓咪的耳
　朵（耳朵每個約 2g，
　臉部每個約 27g）。

 TIPS 整形時，為了避免其
他麵團變乾燥，需先用保鮮膜
覆蓋。

F | 入模

9 在模型內塗上奶油，再將大麵團放入，盡量保持相同距離。

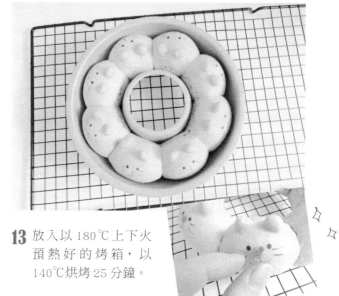

10 將小麵團剪成兩半，黏在大麵團上。

TIPS 耳朵的兩端要壓緊，以免二次發酵時會翹起來。

G | 二次發酵

11 用保鮮膜完整包覆模型，放在溫暖處進行二次發酵，待麵團膨脹至 1.5 倍大即可。

12 用竹炭粉調和適量的水（材料分量外），替貓咪畫上鬍鬚、嘴巴、眼睛。

H | 烘烤

13 放入以 180℃ 上下火預熱好的烤箱，以 140℃ 烘烤 25 分鐘。

14 烘烤出爐時，將模型輕敲桌面幾下，以利脫模。

15 取出後立刻放於涼架，散除熱氣。

16 用融化巧克力作為固定劑，將小愛心糖片黏在中間作為鼻子，讓貓咪更加可愛。

BREAD 03

大頭菜寶寶

大頭菜圓滾滾的模樣，設計成手撕麵包也相當可愛，再以星星造型作為葉子，彷彿戴了頂小帽子，更顯淘氣。也可以將麵團換成紅色色粉，就變成牛番茄寶寶囉。

材料

直徑 5cm 圓形切模

高筋麵粉…70g

砂糖…1/2 茶匙

食鹽…1/8 茶匙

速發酵母…1/8 茶匙

蜂蜜…1/2 茶匙

冷開水…43g

無鹽奶油…5g

甜菜根粉…少許

抹茶粉…適量

竹炭粉…適量

作法

A │ 製作麵團

1 麵團基本作法請見 p.16 ～ p.18 的步驟 1 ～ 17。

B │ 上色

2 先分割出一小塊麵團（約 12g），作為綠色的蒂頭。

3 少許的抹茶粉中加入適量的水（材料分量外），調和出顏色，成為色料。

4 將小麵團沾取綠色色料，以揉麵的方式將顏色混合均勻（調色方式請見 p.26）。

5 少許的甜菜根粉中加入適量的水（材料分量外），以同樣的方式將大麵團均勻混合上色。

C │ 一次發酵

6 找出麵團平整光滑的一面，往四周撐開撫平，多餘的麵團往底部集中，將收口朝下放置。

7 將麵團用保鮮膜完整保覆住，放在溫暖處進行一次發酵，約半小時，等到麵團膨脹至兩倍大即可。

TIPS 不同顏色的麵團進行發酵時，需用烘焙紙隔開。

TIPS 發酵完畢，需用手輕壓、排出氣體，烤出來的麵包才不會有大氣泡。

D | 分切麵團

8 將大麵團漂亮的面朝上，平均分切成7等份（每個約17g）。

E | 整形

9 找出麵團平整光滑的一面，往四周撐開撫平，多餘的麵團往底部集中，將收口朝下放置。

10 準備一個烤模，將五個小麵團圍繞著圓型切模，另一個麵團放在烤模的一角。

F | 裝飾

11 將綠色麵團擀平後，再用星星模型製作出六個星星麵團（每個約2g）。

12 將星星麵團放在圓形麵團上，大頭菜的模樣就出來囉！

G | 二次發酵

13 用保鮮膜完整包覆烤模，放在溫暖處進行二次發酵，待麵團膨脹至1.5倍大即可。

14 以竹炭粉調和適量的水（材料分量外），畫上喜歡的表情。

H | 烘烤

15 放入以18℃上下火預熱好的烤箱，以140℃烘烤25分鐘。

16 烘烤出爐時，將烤模輕敲桌面幾下，以利脫模。

17 取出後立刻放於涼架，散除熱氣。

BREAD 04

小灰塵

在很多卡通動畫裡，常出現圓圓黑黑的角色，圓圓的身體、大大的眼睛，簡單的造型與配色，非常適合做成手撕麵包，也很適合作為新手的入門造型。

材料

直徑 18cm 空心蛋糕模

高筋麵粉⋯130g

砂糖⋯1 茶匙

食鹽⋯1/4 茶匙

速發酵母⋯ 1/4 茶匙

蜂蜜⋯1 茶匙

冷開水⋯80g

無鹽奶油⋯10g

竹炭粉⋯適量

苦甜巧克力⋯適量

圓形白巧克力片⋯16 片

作法

A │ 製作麵團

1 麵團基本作法請見 p.16 ～ p.18 的 步 驟 1 ～ 17。

B │ 上色

2 將竹炭粉加入水（材料分量外），調和成黑色色料。

3 將麵團沾取色料，以揉麵的方式將顏色混合均勻（調色方式請見 p.26）。

C │ 一次發酵

4 找出麵團平整光滑的一面，往四周撐開撫平，多餘的麵團往底部集中，將收口朝下放置。

5 將麵團放進抹了一點點油的大碗，用保鮮膜完整保覆住，放在溫暖處進行一次發酵，約半小時，等到麵團膨脹至兩倍大。

TIPS 發酵完畢，需用手輕壓、排出氣體，烤出來的麵包才不會有大氣泡。

D │ 分割整形

6 將黑色麵團切分成均等的 8 等份（每個約 29g）。

7 找出麵團平整光滑的一面，往四周撐開撫平，多餘的麵團往底部集中，將收口朝下放置。

E ｜入模

8 在模型內塗上奶油，再將麵團放入，盡量保持相同距離。

F ｜二次發酵

9 用保鮮膜完整包覆模型，放在溫暖處進行二次發酵，待麵團膨脹至 1.5 倍大即可。

G ｜製作眼睛

10 將黑巧克力隔水加熱融化，利用小竹籤在白巧克力上畫上眼球，活靈活現的眼睛就出現了！

H ｜烘烤

11 放入以 180℃上下火預熱好的烤箱，以 140℃烘烤 25 分鐘。

12 烘烤出爐時，將模型輕敲桌面幾下，以利脫模。

I ｜裝飾

13 取出後立刻放於涼架，散除熱氣。

14 用融化巧克力作為固定劑，將白巧克力黏在麵包上，就完成了！

05
Rabbits and Bears

BREAD 05

小 兔 與 小 熊

小動物造型的手撕麵包，是每個小朋友都很喜歡的款式，也可以自行發揮捏成小狗、小豬、小貓的形狀，組合出更多豐富的變化。

材料

21cm 長條不沾模

高筋麵粉…70g

砂糖…1/2 茶匙

食鹽…1/8 茶匙

速發酵母…1/8 茶匙

蜂蜜…1/2 茶匙

冷開水…43g

無鹽奶油…5g

甜菜根粉…適量

竹炭粉…適量

作法

A │ 製作麵團

1 麵團基本作法請見 p.16 ～ p.18 的 步 驟 1 ～ 17。

B │ 上色

2 將麵團均勻分切成兩半。一半作為原色麵團，另一半加入甜菜根粉。

3 將甜菜根粉加入適量的水（材料分量外），調和成色料。

4 將麵團沾取色料，以揉麵的方式將顏色混合均勻（調色方式請見 p.26）。

C │ 一次發酵

5 找出麵團平整光滑的一面，往四周撐開撫平，多餘的麵團往底部集中，將收口朝下放置。

6 將麵團用保鮮膜完整保覆住，放在溫暖處進行一次發酵，約半小時，等到麵團膨脹至兩倍大即可。

TIPS 不同顏色的麵團進行發酵時，需用烘焙紙隔開。

TIPS 發酵完畢，需用手輕壓、排出氣體，烤出來的麵包才不會有大氣泡。

D │ 分割整形

7 分別將原色麵團和粉色麵團再均勻對切兩半,總共有四個麵團。

8 分別從四個麵團中,再各取出一點小麵團來製作耳朵(兔子耳朵每個約 2g,小熊耳朵每個約 1g,臉部每個約 27g)。

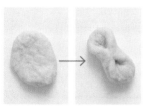

9 製作兔子耳朵時,先壓成扁平狀,再將兩端捏緊,揉成長條狀後,再對切為兩半。小熊耳朵揉圓即可。

10 將四個麵團整成圓形。找出麵團平整光滑的一面,往四周撐開撫平,多餘的麵團往底部集中,將收口朝下放置。

E │ 入模

11 在模型內塗上奶油,將四個麵團放入模型中,並保持適當距離。

12 將小麵團一一黏在四個麵團上。

F │ 二次發酵

13 用保鮮膜完整包覆模型,放在溫暖處進行二次發酵,待麵團膨脹至 1.5 倍大即可。

G │ 畫上表情

14 將甜菜根粉加入適量的水(材料分量外),調和成淡粉紅色,替小兔小熊畫上腮紅、鼻子。

15 用竹炭粉調和適量的水(材料分量外),畫上眼睛。

H │ 烘烤

16 放入以 180℃上下火預熱好的烤箱,以 140℃烘烤 25 分鐘。

17 烘烤出爐時,將模型輕敲桌面幾下,以利脫模。

18 取出後立刻放於涼架,散除熱氣。

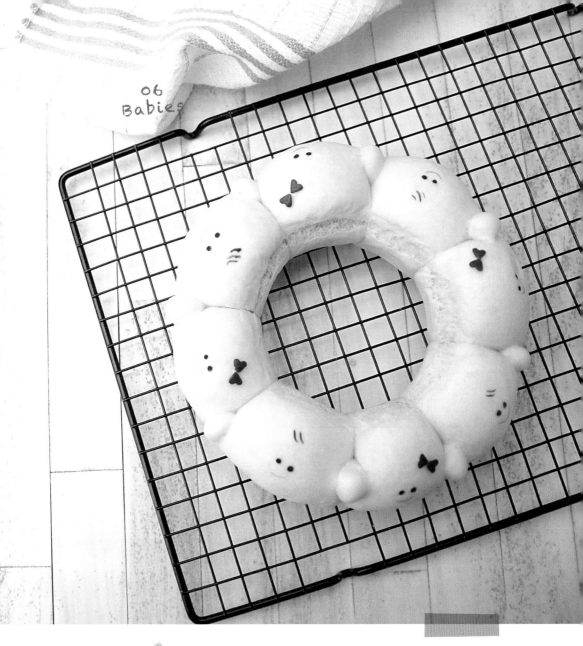

 BREAD 06

小 Baby

小嬰兒又粉又嫩的臉頰，總讓人想偷偷捏一下。
做成膨膨的手撕麵包，造型簡單卻又十足可愛。

材料

直徑 18cm 空心蛋糕模

高筋麵粉…130g

砂糖…1 茶匙

食鹽…1/4 茶匙

速發酵母… 1/4 茶匙

蜂蜜…1 茶匙

冷開水…80g

無鹽奶油…10g

胡蘿蔔粉…適量

竹炭粉…適量

愛心糖片…8 片

作法

A | 製作麵團

1 麵團基本作法請見 p.16 ～ p.18 的步驟 1 ～ 17。

B | 上色

2 少許的胡蘿蔔粉中加入適量的水（材料分量外），調和出顏色，成為色料。

3 將麵團沾取色料，以揉麵的方式將顏色混合均勻（調色方式請見 p.26）。

C | 一次發酵

4 找出麵團平整光滑的一面，往四周撐開撫平，多餘的麵團往底部集中，將收口朝下放置。

5 將麵團放進抹了一點點油的大碗，用保鮮膜完整保覆住，放在溫暖處進行一次發酵，約半小時，等到麵團膨脹至兩倍大。

TIPS 發酵完畢，需用手輕壓、排出氣體，烤出來的麵包才不會有大氣泡。

D | 分切麵團

6 將麵團平均分切 8 等份，每份再切出一小部分，作為小嬰兒的小手（小手每個約 1g，臉部每個約 27g）。

E | 整形

7 找出麵團平整光滑的一面，往四周撐開撫平，多餘的麵團往底部集中，將收口朝下放置。

TIPS 整形時，為了避免其他麵團變乾燥，需先用保鮮膜覆蓋。

F｜入模

8 在模型內塗上奶油，再將大麵團放入，並保持適當距離。

9 將小麵團放入大麵團之間。

G｜二次發酵

10 用保鮮膜完整包覆模型，放在溫暖處進行二次發酵，待麵團膨脹至 1.5 倍大即可。

H｜畫上表情

11 以胡蘿蔔粉調和適量的水（材料分量外），畫上微笑表情。

12 以竹炭粉調和適量的水（材料分量外），用竹籤圓形的一端輕點在麵團上，眼睛就完成了。可以自由發揮畫上頭髮等造型。

I｜烘烤

13 放入以 180℃ 上下火預熱好的烤箱，以 140℃ 烘烤 25 分鐘。

14 烘烤出爐時，將模型輕敲桌面幾下，以利脫模。

15 取出後立刻放於涼架，散除熱氣。

16 黏上兩片相對的愛心，形成蝴蝶結裝飾，讓造型更可愛。

07
Cocoa Bears

BREAD 07

可 可 熊

將巧克力粉揉進麵團裡，不就是棕熊的顏色嗎？一個麵團
作為小熊的臉，畫上五官；一個麵團當作身體，有一個圓
圓小巧的尾巴，讓造型看起來更為活潑生動。

材料

直徑 18cm 空心蛋糕模

高筋麵粉…130g

砂糖…1 茶匙

食鹽…1/4 茶匙

速發酵母… 1/4 茶匙

蜂蜜…1 茶匙

冷開水…80g

無鹽奶油…10g

可可粉…適量

苦甜巧克力…適量

白巧克力…適量

C │ 一次發酵

4 找出麵團平整光滑的一面，往四周撐開撫平，多餘的麵團往底部集中，將收口朝下放置。

5 將麵團放進抹了一點點油的大碗，用保鮮膜完整保覆住，放在溫暖處進行一次發酵，約半小時，等到麵團膨脹至兩倍大。

TIPS 發酵完畢，需用手輕壓、排出氣體，烤出來的麵包才不會有大氣泡。

作法

A │ 製作麵團

1 麵團基本作法請見 p.16 ～ p.18 的步驟 1 ～ 17。

B │ 上色

2 少許的可可粉中加入適量的水（材料分量外），調和出顏色，成為色料。

3 將麵團沾取色料，以揉麵的方式將顏色混合均勻（調色方式請見 p.26）。

D │ 整形

6 將麵團平均分切 8 等份，每份再切出一小部分，作為小熊的尾巴與耳朵（小麵團每個約 2g，大麵團每個約 27g）。

7 找出麵團平整光滑的一面，往四周撐開撫平，多餘的麵團往底部集中，將收口朝下放置。

TIPS 整形時，為了避免其他麵團變乾燥，需先用保鮮膜覆蓋。

E | 入模

8 在模型內塗上奶油，再將大麵團放入，並保持適當距離。

9 將小麵團整成表面光滑的小圓球，當作小熊的圓圓尾巴，黏在「雙數」麵團上。

10 將剩下的四個小麵團再對切兩半，當作小熊的耳朵，搓圓後，黏在「單數」麵團上。

F | 二次發酵

發酵完成

11 用保鮮膜完整包覆模型，放在溫暖處進行二次發酵，待麵團膨脹至 1.5 倍大即可。

G | 烘烤

12 放入以 180℃ 上下火預熱好的烤箱，以 140℃ 烘烤 25 分鐘。

13 烘烤出爐時，將模型輕敲桌面幾下，以利脫模。

14 取出後立刻放於涼架，散除熱氣。

15 以融化的白巧克力，先畫上小熊鼻子基底，等白巧克力乾了後，再以融化的黑巧克力，畫上眼睛和鼻子就完成囉！

08
White Dogs

51

BREAD 08

汪汪狗

在麵團上用不同的元素裝飾、隨心所欲畫上喜歡的表情、利用不同形狀的烤模烘烤，就會呈現出耳目一新的造型，這就是手撕麵包有趣好玩的地方吧！

材料

15cm 方形不沾模

高筋麵粉…150g

砂糖…1 茶匙

食鹽…1/4 茶匙

速發酵母… 1/4 茶匙

蜂蜜…1 茶匙

冷開水…95g

無鹽奶油…12g

竹炭粉…適量

甜菜根粉…適量

圓形白巧克力片…16 片

作法

A │ 製作麵團

1 麵團基本作法請見 p.16 ～ p.21 的步驟 1 ～ 29。

B │ 分切麵團

2 將麵團平均分切 16 等份（每個約 16g）。

C │ 整形

3 找出麵團平整光滑的一面，往四周撐開撫平，多餘的麵團往底部集中，將收口朝下放置。

D | 入模

4 在模型內塗上奶油，將麵團一一放入，並保持適當的距離。

F | 畫上表情

6 以竹炭粉調和適量的水分（材料分量外），畫上微笑表情和圓圓的眼睛。

7 以甜菜根粉調和適量的水分（材料分量外），畫上圓圓紅紅的鼻子。

E | 二次發酵

5 用保鮮膜完整包覆模型，放在溫暖處進行二次發酵，待麵團膨脹至 1.5 倍大即可。

G | 烘烤

8 放入以 180℃上下火預熱好的烤箱，以 140℃烘烤 25 分鐘。

9 烘烤出爐時，將模型輕敲桌面幾下，以利脫模。

10 取出後立刻放於涼架，散除熱氣。

11 將圓形白巧力分切成兩半，用融化巧克力（材料分量外）作為固定劑，黏在麵團上，可愛的垂耳小狗就完成了。

 BREAD 09

河童

河童的顏色、造型特殊，是辨識度極高的角色。綠色的麵團加上黃色的鳥喙，再為它畫上綠色的頭髮，可愛的河童現身囉，趕快去捕獲！

材料

直徑 18cm 空心蛋糕模

....

高筋麵粉…130g

砂糖…1 茶匙

食鹽…1/4 茶匙

速發酵母… 1/4 茶匙

蜂蜜…1 茶匙

冷開水…80g

無鹽奶油…10g

抹茶粉…適量

南瓜粉…適量

竹炭粉…適量

作法

A │ 製作麵團

1 麵團基本作法請見 p.16 ～ p.18 的 步 驟 1 ～ 17。

B │ 上色

2 取出 8g 的小麵團，沾取以南瓜粉加水（材料分量外）調和而成的黃色色料，以揉麵的方式，將顏色混合均勻（調色方式請見 p.26）。

3 其他大麵團以相同的方式沾取以抹茶粉調和而成的綠色色料，揉和均勻。

D │ 分切麵團

5 分別將綠色麵團和黃色麵團平均分切成 8 等份（綠色麵團每個約 27g，黃色麵團每個約 1g）。

C 一次發酵

4 將麵團整成表面光滑的小圓球，用保鮮膜完整保覆住，放在溫暖處進行一次發酵，約半小時，等到麵團膨脹至兩倍大即可。

TIPS 不同顏色的麵團進行發酵時，需用烘焙紙隔開。

TIPS 發酵完畢，需用手輕壓、排出氣體，烤出來的麵包才不會有大氣泡。

6 找出綠色麵團平整光滑的一面，往四周撐開撫平，多餘的麵團往底部集中，將收口朝下放置。

7 將黃色小麵團整成表面光滑的小圓球。

TIPS 整形時，為了避免其他麵團變乾燥，需先用保鮮膜覆蓋。

E｜入模

8 在模型內塗上奶油，
再將綠色麵團放入。

9 將黃色麵團固定在綠
色麵團的中間，用尺
在中間壓出壓痕，嘴
巴就完成了。

F｜二次發酵

10 用保鮮膜完整包覆模
型，放在溫暖處進行
二次發酵，待麵團膨
脹至 1.5 倍大即可。

G｜畫上表情

11 以竹炭粉調和適量的
水分（材料分量外），
畫上圓圓的眼睛。

12 以抹茶粉調和適量的
水分（材料分量外），
畫上綠色的頭髮。

H｜烘烤

13 放入以 180℃ 上下火
預熱好的烤箱，以
140℃ 烘烤 25 分鐘。

14 烘烤出爐時，將模型
輕敲桌面幾下，以利
脫模。

15 取出後立刻放於涼
架，散除熱氣。

BREAD 10

芝麻湯圓寶寶

這款造型的創作靈感來自於龍貓，小小的眼睛、
圓圓的肚子，看著他們擠在一起的樣子，好像正
在認真開會討論事情，真是可愛極了！

10
Sesame
Dumplings

材料

直徑 15cm 小陶鍋

高筋麵粉…70g

砂糖…1/2 茶匙

食鹽…1/8 茶匙

速發酵母…1/8 茶匙

蜂蜜…1/2 茶匙

冷開水…43g

無鹽奶油…5g

芝麻粉…適量

竹炭粉…適量

白巧克力…適量

作法

A│製作麵團

1 麵團基本作法請見 p.16 ～ p.18 的步驟 1 ～ 17。

B│上色

2 芝麻粉中加入適量的水（材料分量外），調和出色料。

3 將麵團沾取色料，以揉麵的方式將顏色混合均勻（調色方式請見 p.26）。

C│一次發酵

4 找出麵團平整光滑的一面，往四周撐開撫平，多餘的麵團往底部集中，將收口朝下放置。

5 將麵團放進抹了一點點油的大碗，用保鮮膜完整保覆住，放在溫暖處進行一次發酵，約半小時，等到麵團膨脹至兩倍大。

TiPS 發酵完畢，需用手輕壓、排出氣體，烤出來的麵包才不會有大氣泡。

D│分切麵團

6 將麵團切分成均等的 6 等份，每份再切出一小部分，作為耳朵（耳朵每個約 1g，身體每個約 19g）。

E│入模

7 找出大麵團平整光滑的一面，往四周撐開撫平，多餘的麵團往底部集中，將收口朝下放置。

8 在陶鍋內塗上奶油，將大麵團一一放入，並保持適當的距離。

9 將小麵團一一黏在陶
鍋中的麵團上。

10 用剪刀將小麵團剪成
對半,耳朵就成形了。

F │ 二次發酵

11 用保鮮膜完整包覆模
型,放在溫暖處進行
二次發酵,待麵團膨
脹至 1.5 倍大即可。

12 在麵團中間輕輕撒上
一層高筋麵粉(材料
分量外)。

13 利用小刷子輕輕刷除
多餘的麵粉,讓麵團
上圓圓的肚子輪廓更
加明顯。

G │ 烘烤

14 放入以 180℃上下火
預熱好的烤箱,以
140℃烘烤 25 分鐘。

15 用竹籤沾取融化的白
巧克力,畫上眼睛。

16 以竹炭粉調和適量的
水(材料分量外),
畫上黑色眼球與鼻子。

11
Fatty Bears

 BREAD 11

胖胖熊

捏得扁扁的小熊臉,更顯無辜可愛。六個排列得
不甚整齊的手撕麵包、刻意不對稱的耳朵,讓小
熊更具溫暖手作感。

材料

15cm 方形不沾模

···

高筋麵粉…130g

砂糖…1 茶匙

食鹽…1/4 茶匙

速發酵母… 1/4 茶匙

蜂蜜…1 茶匙

冷開水…80g

無鹽奶油…10g

可可粉…少許

竹炭粉…適量

作法

A | 製作麵團

1 麵團基本作法請見 p.16～p.8 的步驟 1～17。

B | 上色

2 少許的可可粉中加入適量的水（材料分量外），調和出顏色，成為色料。

3 將麵團沾取色料，以揉麵的方式將顏色混合均勻（調色方式請見 p.26）。

C | 一次發酵

4 找出麵團平整光滑的一面，往四周撐開撫平，多餘的麵團往底部集中，將收口朝下放置。

5 將麵團放進抹了一點點油的大碗，用保鮮膜完整保覆住，放在溫暖處進行一次發酵，約半小時，等到麵團膨脹至兩倍大。

TIPS 發酵完畢，需用手輕壓、排出氣體，烤出來的麵包才不會有大氣泡。

D | 分切麵團

6 將麵團平均分切 6 等份，每份再切出一小部分，然後將該小部分再分成兩半，作為胖胖熊的耳朵（耳朵每個約 2g、臉部每個約 34g）。

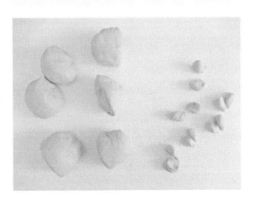

E │ 整形

7 找出大麵團平整光滑的一面，往四周撐開撫平，整成橢圓形。多餘的麵團往底部集中，將收口朝下放置。

TIPS 整形時，為了避免其他麵團變乾燥，需先用保鮮膜覆蓋。

8 在模型內塗上奶油，再將大麵團放入，並保持適當距離。

9 將小麵團搓成小圓球，黏在大麵團上。

F │ 二次發酵

10 用保鮮膜完整包覆模型，放在溫暖處進行二次發酵，待麵團膨脹至 1.5 倍大即可。

11 竹炭粉加入適量的水（材料分量外），調和出色料，為胖胖熊畫上臉部表情。

G │ 烘烤

12 放入以 180℃ 上下火預熱好的烤箱，以 140℃ 烘烤 25 分鐘。

13 烘烤出爐時，將模型輕敲桌面幾下，以利脫模。

14 取出後立刻放於涼架，散除熱氣。

12
Purple Potato
Bears

BREAD 12

紫薯熊

做小熊造型麵包時最常加入可可粉，棕色小熊最貼
近一般人對小熊的印象，不過這款造型加入的是淡
粉色系的紫薯粉，做出來的小熊更粉嫩可愛呢！

材料

直徑 18cm 空心蛋糕模

高筋麵粉…130g

砂糖…1 茶匙

食鹽…1/4 茶匙

速發酵母…1/4 茶匙

蜂蜜…1 茶匙

冷開水…80g

無鹽奶油…10g

紫薯粉…適量

圓形白巧克力片
（大）…8 片

圓形白巧克力片
（小）…4 片

苦甜巧克力…少許

作法

A｜製作麵團

1 麵團基本作法請見 p.16～p.18 的步驟 1～17。

B｜上色

2 紫薯粉中加入適量的水（材料分量外），調和出顏色，成為紫色色料。

3 將麵團沾取色料，以揉麵的方式將顏色混合均勻（調色方式請見 p.26）。

C｜一次發酵

4 找出麵團平整光滑的一面，往四周撐開撫平，多餘的麵團往底部集中，將收口朝下放置。

5 將麵團放進抹了一點點油的大碗，用保鮮膜完整保覆住，放在溫暖處進行一次發酵，約半小時，等到麵團膨脹至兩倍大。

TIPS 發酵完畢，需用手輕壓、排出氣體，烤出來的麵包才不會有大氣泡。

D｜分切麵團

6 將麵團平均分切 8 等份，每份再切出一小部分，作為紫薯熊的耳朵（耳朵每個約 2g，臉部每個約 26g）。

7 將麵團整成表面光滑的圓形。

E | 入模

8 在模型內塗上奶油，
再將大麵團放入。

9 將小麵團黏在大麵團
的中間。

F | 二次發酵

10 用保鮮膜完整包覆模
型，放在溫暖處進行
二次發酵，待麵團膨
脹至 1.5 倍大即可。

G | 烘烤

11 放入以 180℃ 上下火
預熱好的烤箱，以
140℃ 烘烤 25 分鐘。

12 烘烤出爐時，將模型
輕敲桌面幾下，以利
脫模。

13 取出後立刻放於涼
架，散除熱氣。

H | 裝飾

14 將較大的圓形白巧克
力片當作眼睛，較小
的當作鼻子。用竹籤
沾取融化的黑巧克
力，先畫上鼻子。

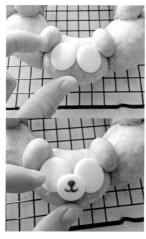

15 用融化巧克力作為固
定劑，將白巧克力黏
在麵包上，先黏眼睛
部位，再黏上鼻子。

16 最後，再用竹籤沾取
融化巧克力畫上眼睛
就完成了！

13
Smiling Snowman

BREAD 13

微笑雪人

在圓圓胖胖的白色麵團上，輕輕撒上一層麵粉，
像極了雪人的質感，呈現白雪皚皚的冬日景象。

材料

15cm 方形不沾模

高筋麵粉…150g

砂糖…1 茶匙

食鹽…1/4 茶匙

速發酵母… 1/4 茶匙

蜂蜜…1 茶匙

冷開水…95g

無鹽奶油…12g

竹炭粉…適量

紅色愛心糖片…8 片

作法

A │ 製作麵團

1 麵團基本作法請見 p.16 ～ p.21 的步驟 1 ～ 29。

B │ 分切麵團

2 將麵團平均分切 8 等份，每份再對切兩半，共 16 個小麵團（每個約 16g）。

C │ 整形

3 找出麵團平整光滑的一面，往四周撐開撫平，多餘的麵團往底部集中，將收口朝下放置。

D｜入模

4 在模型內塗上奶油，再將麵團一一放入，並保持適當的間距。

E｜二次發酵

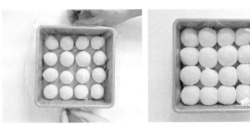

發酵完成

5 用保鮮膜完整包覆模型，放在溫暖處進行二次發酵，待麵團膨脹至 1.5 倍大即可。

F｜畫上表情

6 在竹炭粉中加入適量的水（材料分量外），調和色粉。

7 在第一、三排的麵團上，畫上雪人的臉部表情。

8 均勻撒上麵粉（材料分量外）。

G｜烘烤

9 放入以 180℃ 上下火預熱好的烤箱，以 140℃ 烘烤 25 分鐘。

10 烘烤出爐時，將模型輕敲桌面幾下，以利脫模。

11 取出後立刻放於涼架，散除熱氣。

H｜裝飾

12 用小刷子將表情上的麵粉輕輕刷開。

13 在眼睛和微笑中間割出一條縫隙，插入紅色愛心糖片作為鼻子。

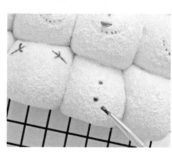

14 用果醬（材料分量外）在 2、4 排的麵團上畫兩個圓點，也可以隨個人喜好畫上自己喜歡的圖形裝飾。

BREAD 14

熊貓

黑白分明、圓滾滾的大熊貓,很容易掌
握它的神情特色,對初學者而言,是很
容易上手的練習。

14
Pandas

材料

直徑 18cm 空心蛋糕模

高筋麵粉…130g

砂糖…1 茶匙

食鹽…1/4 茶匙

速發酵母… 1/4 茶匙

蜂蜜…1 茶匙

冷開水…80g

無鹽奶油…10g

竹炭粉…適量

作法

A｜製作麵團

1 麵團基本作法請見 p.16 ～ p.18 的步驟 1 ～ 17。

B｜上色

2 利用竹炭粉加適量的水（材料分量外），調和出濃濃的黑色，成為色料（調色方式請見 p.26）。

3 取出 8g 的小麵團，沾取黑色色料，以揉麵的方式將顏色混合均勻。其他麵團則保持原色。

C｜一次發酵

4 找出麵團平整光滑的一面，往四周撐開撫平，多餘的麵團往底部集中，將收口朝下放置。

5 將麵團用保鮮膜完整保覆住，放在溫暖處進行一次發酵，約半小時，等到麵團膨脹至兩倍大即可。

TIPS 不同顏色的麵團進行發酵時，需用烘焙紙隔開。

TIPS 發酵完畢，需用手輕壓、排出氣體，烤出來的麵包才不會有大氣泡。

D｜分切麵團

6 分別將原色麵團和黑色麵團平均分切成 8 等份（黑色每個約 1g，原色每個約 27g）。

E | 整形

7 找出大麵團平整光滑的一面，往四周撐開撫平，多餘的麵團往底部集中，將收口朝下放置。

8 大麵團整形完畢後，用保鮮膜覆蓋住，再將小麵團整成表面光滑的小圓球。

F | 入模

9 在模型內塗上奶油，再將原色麵團放入，並保持適當的距離。

10 將黑色麵團放入原色麵團的中間。

G | 二次發酵

11 用保鮮膜完整包覆模型，放在溫暖處進行二次發酵，待麵團膨脹至 1.5 倍大即可。

12 在竹炭粉中加入適量的水（材料分量外），調和黑色色料，畫出熊貓的五官表情。

H | 烘烤

13 放入以 180℃上下火預熱好的烤箱，以 140℃烘烤 25 分鐘。

14 烘烤出爐時，將模型輕敲桌面幾下，以利脫模。

15 取出後立刻放於涼架，散除熱氣。

15
The Chicks

BREAD 15

小雞嗶嗶

黃澄澄的小雞擠在一起的模樣，好像互不相讓的想從鍋子裡逃出來。在麵團裡加入南瓜粉，再畫上表情，超可愛的黃色小雞就完成了。

材料

直徑 15cm 小陶鍋

高筋麵粉…70g

砂糖…1/2 茶匙

食鹽…1/8 茶匙

速發酵母…1/8 茶匙

蜂蜜…1/2 茶匙

冷開水…43g

無鹽奶油…5g

南瓜粉…適量

竹炭粉…適量

黃梔子粉…適量

作法

A｜製作麵團

1 麵團基本作法請見 p.16 ～ p.18 的步驟 1 ～ 17。

B｜上色

2 利用南瓜粉、水（材料分量外）調和出顏色，成為色料。

3 將麵團沾取色料，以揉麵的方式將顏色混合均勻（調色方式請見 p.26）。

C｜一次發酵

4 將麵團整成表面光滑的圓形，放進抹了一點點油的大碗，用保鮮膜完整保覆住，放在溫暖處進行一次發酵，約半小時，等到麵團膨脹至兩倍大。

TIPS 發酵完畢，需用手輕壓、排出氣體，烤出來的麵包才不會有大氣泡。

D｜分切麵團

5 將麵團切分成均等的 6 等份（每個約 19g）。

E | 整形

6 找出麵團平整光滑的一面，往四周撐開撫平，多餘的麵團往底部集中，將收口朝下放置。

7 在陶鍋內塗上奶油，先將一個麵團放在正中間，其餘五個沿著鍋邊放入，並保持適當的距離。

F | 二次發酵

8 用保鮮膜完整包覆陶鍋，放在溫暖處進行二次發酵，待麵團膨脹至 1.5 倍大即可。

G | 畫上表情

9 在黃梔子粉中加入適量的水（材料分量外），調和出黃色色料，畫上小雞的嘴巴和腳掌。

10 用竹炭粉加水（材料分量外），調和黑色色料，畫上眼睛。

H | 烘烤

11 放入以 180℃上下火預熱好的烤箱，以 140℃烘烤 25 分鐘。

12 烘烤出爐後，先靜置一會兒，散除熱氣。

SHREDDED

BAKE

HEALING

Advanced

PART3

╲ 療癒進階款 ╱

對於麵團、烘烤有一點熟悉度與掌握度後，
可以試著挑戰造型更豐富、
顏色更多變的主題，
玩出更多手撕麵包的新花樣。

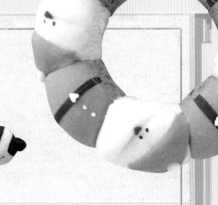

 BREAD 16

小精靈

這款小精靈特別的地方在於「一體成型」的製作方式,將麵團擀平、
對摺、揉捏就完成了,彷彿展現精靈的魔法。

材料

15cm 方形不沾模

高筋麵粉…70g

砂糖…1/2 茶匙

食鹽…1/8 茶匙

速發酵母…1/8 茶匙

蜂蜜…1/2 茶匙

冷開水…43g

無鹽奶油…5g

竹炭粉…適量

甜菜根粉…適量

作法

A │ 製作麵團

1 麵團基本作法請見 p.16 ～ p.21 的步驟 1 ～ 29。

B │ 分切麵團

2 將麵團平均分切 6 等份（每個約 20g）。

C │ 整形

3 找出麵團平整光滑的一面，往四周撐開撫平，多餘的麵團往底部集中，將收口朝下放置。

4 將麵團擀平後翻面，讓粗糙面朝上。

5 將下緣處往上折至中間位置，上緣處用尺割出兩條像「V」型的斜線。

6 將兩邊的麵皮往中間折起，並輕壓固定。

7 上面的麵皮往下折入，並輕壓固定。

8 將麵團翻至正面，小精靈的形狀就出現囉！

D ｜入模

9 在模型內先鋪上烘焙紙，再將麵團一一放入，並保持適當距離。

E ｜二次發酵

10 用保鮮膜完整包覆模型，放在溫暖處進行二次發酵，待麵團膨脹至 1.5 倍大即可。

F ｜畫上表情

11 以竹炭粉調和適量的水分（材料分量外），用圓形花嘴沾取色料，印上圓圓的眼睛。

12 用小刷子畫上黑黑圓圓的眼珠。

G ｜烘烤

13 放入以 180℃上下火預熱好的烤箱，以 140℃烘烤 25 分鐘。

14 烘烤出爐時，將模型輕敲桌面幾下，以利脫模。

15 取出後立刻放於涼架，散除熱氣。

16 沾取甜菜根粉，輕輕畫上腮紅。

可以隨心所欲畫上各種表情。

17
Coconut Dogs

BREAD 17

椰子毛毛狗

這一款手撕麵包利用椰子粉製造出特別的質感，充現表現出
小狗毛絨絨的樣子，不僅豐富了視覺，也增添了口感。

材料

直徑 15cm 小陶鍋

高筋麵粉…70g

砂糖…1/2 茶匙

食鹽…1/8 茶匙

速發酵母…1/8 茶匙

蜂蜜…1/2 茶匙

冷開水…43g

無鹽奶油…5g

苦甜巧克力…適量

椰子粉…適量

紅色愛心糖片…6 片

作法

A | 製作麵團

1 麵團基本作法請見
p.16 ～ p.21 的步驟
1 ～ 29。

B | 分切麵團

2 將麵團平均分切 6 等
份，再從 6 個麵團中
各分切出 3 個小麵團
作為鼻子、耳朵、頭
頂（18 個小麵團約各
為 1g，6 個大麵團約
各為 17g）。

C | 整形

3 找出大麵糰平整光滑
的一面，往四周撐開
撫平，多餘的麵糰往
底部集中，將收口朝
下放置。

4 將小麵團整成表面光
滑的小圓球。

TIPS 整形時，為了避免其
他麵團變乾燥，需先用保鮮膜
覆蓋。

D｜入模

5 在陶鍋內塗上奶油，再將大麵團放入，並保持適當距離。

6 將小麵團搓成小圓球，黏在大麵團上，一個作為鼻子，另一個放在頂端。

7 將剩餘的 6 個小麵團稍微壓扁，放在大麵團中間。

E｜二次發酵

8 用保鮮膜完整包覆陶鍋，放在溫暖處進行二次發酵，待麵團膨脹至 1.5 倍大即可。

9 均勻的撒上椰子粉。

F｜烘烤

10 放入以 180℃ 上下火預熱好的烤箱，以 140℃ 烘烤 25 分鐘。

11 烘烤出爐時，將模型輕敲桌面幾下，以利脫模。

12 取出後立刻放於涼架，散除熱氣。

G｜裝飾

13 用竹籤沾取融化的巧克力，畫上圓圓的眼睛、鼻子。

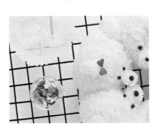

14 黏上兩片相對的愛心，形成蝴蝶結裝飾，讓造型更可愛。

18
Frog & Tadpoles

 BREAD 18

青蛙與蝌蚪

用抹茶粉捏出有大大眼睛的綠色小青蛙、用黑可可粉捏出有著小尾巴
的蝌蚪,在手撕麵包的世界裡,就是有著創作不完的驚奇。

材料

21cm 長條不沾模

高筋麵粉…70g

砂糖…1/2 茶匙

食鹽…1/8 茶匙

速發酵母…1/8 茶匙

蜂蜜…1/2 茶匙

冷開水…43g

無鹽奶油…5g

黑可可粉…適量

抹茶粉…適量

竹炭粉…適量

甜菜根粉…適量

B | 分切麵團

2　將麵團均勻分切成兩半，一半作為青蛙麵團，另一半作為蝌蚪麵團。

3　將黑可可粉加入適量的水（材料分量外），調和成色料。

4　將麵團沾取色料，以揉麵的方式將顏色混合均勻（調色方式請見 p.26）。

5　另一半麵團以同樣的方式，沾取抹茶粉色料，揉和均勻。

C | 一次發酵

6　分別將麵團整成表面平整光滑的圓形，用保鮮膜完整保覆住，放在溫暖處進行一次發酵，約半小時，等到麵團膨脹至兩倍大即可。

TIPS 不同顏色的麵團進行發酵時，需用烘焙紙隔開。

TIPS 發酵完畢，需用手輕壓、排出氣體，烤出來的麵包才不會有大氣泡。

作法

A | 製作麵團

1　麵團基本作法請見 p.16 ～ p.18 的步驟 1 ～ 17。

D | 分切麵團

7　分別將綠色麵團和咖啡色麵團平均分切成 4 等份。

8　從綠色麵團中各取出一點小麵團來製作青蛙的眼睛（眼睛每個約 0.5g、臉部約 14g），整成表面光滑的圓形。

9　從咖啡色麵團中各取出一點小麵團來製作蝌蚪的尾巴（尾巴每個約 1g、身體每個約 14g）。大麵團整成圓形，小麵團整成微長微尖的尾巴形狀。

E｜入模

10 在模型內塗上奶油，
分別將綠色、咖啡色
麵團放入模型中，並
保持適當距離。

11 分別將作為眼睛、尾
巴的小麵團黏上，青
蛙與蝌蚪的造型就出
現了。

F｜二次發酵

12 用保鮮膜完整包覆模
型，放在溫暖處進行
二次發酵，待麵團膨
脹至 1.5 倍大即可。

13 用竹炭粉調和適量的
水（材料分量外），
畫上表情。

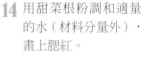

14 用甜菜根粉調和適量
的水（材料分量外），
畫上腮紅。

G｜烘烤

15 放入以 180℃上下火
預熱好的烤箱，以
140℃烘烤 25 分鐘。

16 烘烤出爐時，將模型
輕敲桌面幾下，以利
脫模。

17 取出後立刻放於涼
架，散除熱氣。

19
Bicolor Cats

BREAD 19

黑白喵

身邊有不少「貓奴」、「貓咪控」，而各種花色的
貓咪都有其擁護者，揉入不同的色粉，做出自己喜
歡的貓咪花色吧！

材料

15cm 方形不沾模

高筋麵粉…70g

砂糖…1/2 茶匙

食鹽…1/8 茶匙

速發酵母…1/8 茶匙

蜂蜜…1/2 茶匙

冷開水…43g

無鹽奶油…5g

竹炭粉…適量

作法

A │ 製作麵團

1 麵團基本作法請見
p.16 ～ p.18 的 步 驟
1 ～ 17。

B │ 上色

2 先分割出一小塊麵團
（約 20g），作為黑
色麵團。

3 竹炭粉中加入適量的
水（材料分量外），
調和出濃濃的顏色，
成為黑色色料。

4 將小麵團沾取色料，
以揉麵的方式將顏色
混合均勻（調色方式
請見 p.26）。

C │ 一次發酵

5 將麵團整成表面平整
光滑的圓形，用保鮮
膜完整保覆住，放在
溫 暖 處 進 行 一 次 發
酵，約半小時，等到
麵團膨脹至兩倍大。

TIPS 不同顏色的麵團進行
發酵時，需用烘焙紙隔開。

TIPS 發酵完畢，需用手輕
壓、排出氣體，烤出來的麵包
才不會有大氣泡。

D │ 分切麵團

6 從原色大麵團中分切出 8 個小麵團（每個約 1g），其餘麵團再平均分切成 9 等份（每個約 10g）。

7 黑色小麵團平均分成 20 等份（每個約 1g）。

F │ 二次發酵

12 將麵團放入模型中，用保鮮膜完整包覆，放在溫暖處進行二次發酵，待麵團膨脹至 1.5 倍大即可。

13 用竹炭粉調和適量的水（材料分量外），畫上貓咪表情。

E │ 整形

8 將 9 個麵團整成圓形。找出麵團平整光滑的一面，往四周撐開撫平，多餘的麵團往底部集中，將收口朝下放置。

10 將白色小麵團捏成立體三角形，黏在圓形麵團上。

9 將黑色小麵團捏成扁平狀，覆蓋在圓形麵團上。

11 再將黑色小麵團捏成三角形，黏在黑色麵團上。

TIPS 耳朵的兩端要壓緊，以免二次發酵時會翹起來。

G │ 烘烤

14 放入以 180℃上下火預熱好的烤箱，以 140℃烘烤 25 分鐘。

15 烘烤出爐時，將模型輕敲桌面幾下，以利脫模。

16 取出後立刻放於涼架，散除熱氣。

20
Baby Hedgehogs

BREAD 20

刺蝟寶寶

小巧可愛的刺蝟，背上短短的刺是牠們的外型特徵，利用剪刀剪出一個個的小開口，就能呈現出刺蝟的樣貌了。

材料

15cm 方形不沾模

高筋麵粉…70g

砂糖…1/2 茶匙

食鹽…1/8 茶匙

速發酵母…1/8 茶匙

蜂蜜…1/2 茶匙

常溫冷開水…43g

無鹽奶油…5g

可可粉…少許

苦甜巧克力…少許

作法

A │ 製作麵團

1 麵團基本作法請見 p.16 ～ p.18 的步驟 1 ～ 17。

B │ 上色

2 利用可可粉、水調和出顏色，成為色料。

3 取出 1/3 的小麵團（約 30g），沾取色料，以揉麵的方式將顏色混合均勻（調色方式請見 p.26）。

C │ 一次發酵

4 將原色麵團與咖啡色麵團整成表面平整光滑的圓形，將收口處朝下放置，用保鮮膜完整包覆，放在溫暖處進行一次發酵，約半小時。

D │ 分割麵團

5 分別將原色麵團和咖啡色麵團平均分切成 6 等份（原色麵團每個約 15g，咖啡色麵團每個約 5g）。

6 將原色麵團整圓之後，用手指將一頭捏成微尖的水滴狀。

7 將咖啡色小麵團整圓後擀平。

E｜二次發酵

發酵完成

F｜烘烤

12 放入以 180℃上下火預熱好的烤箱，以 140℃烘烤 25 分鐘。

13 取出後立刻放於涼架，散除熱氣。

8 將咖啡色麵團覆蓋住原色麵團，相交處需要壓緊。

11 用保鮮膜完整包覆模型，放在溫暖處進行二次發酵，待麵團膨脹至 1.5 倍大即可。

14 烘烤完成後，以隔水加熱後的融化巧克力，為刺蝟寶寶畫上可愛的五官即完成。

9 將六個捏好的麵團排列在烤盤上。

G｜裝飾

10 用剪刀在表面剪出一個個小開口。

法鬥小狗狗

法國鬥牛犬扁扁的頭型、總是呈現「臭臉」的五官，雖然有點醜，卻醜得很可愛，只要掌握住頭型和五官特色，就能做出這一款可愛的法鬥小狗狗。

21
Bulldog

材料

直徑 15cm 小陶鍋

高筋麵粉…70g

砂糖…1/2 茶匙

食鹽…1/8 茶匙

速發酵母…1/8 茶匙

蜂蜜…1/2 茶匙

冷開水…43g

無鹽奶油…5g

竹炭粉…適量

甜菜根粉…適量

作法

A │ 製作麵團

1　麵團基本作法請見 p.16 ～ p.18 的步驟 1 ～ 17。

B │ 上色

2　利用甜菜根粉加適量的水（材料分量外），調和出粉紅色色料。

3　取出 5g 的小麵團，沾取粉紅色色料，以揉麵的方式將顏色混合均勻（調色方式請見 p.26）。

C │ 一次發酵

4　將麵團整成表面平整光滑的圓形，用保鮮膜完整保覆住，放在溫暖處進行一次發酵，約半小時，等到麵團膨脹至兩倍大。

TIPS 不同顏色的麵團進行發酵時，需用烘焙紙隔開。

TIPS 發酵完畢，需用手輕壓、排出氣體，烤出來的麵包才不會有大氣泡。

D │ 分切麵團

5　將原色麵團平均分切成 5 等份，每份再切出一小部分，作為外耳（外耳每個約 1g，臉部每個約 21g）。

6　將粉紅色麵團平均分切成 5 等份，作為內耳（每個約 0.5g）。

7　找出大麵團平整光滑的一面，往四周撐開撫平，多餘的麵團往底部集中，將收口朝下放置。

8　將小麵團整成表面光滑的小圓球。

TIPS 整形時，為了避免其他麵團變乾燥，需先用保鮮膜覆蓋。

E | 製作耳朵

9 分別將原色、粉色小
麵團擀平。

10 將粉色麵團疊在原色
麵團上，再對切兩半。

F | 入模

11 在陶鍋內塗上奶油，
再將大麵團放入，盡
量保持相同距離。

12 將耳朵微微折起，黏
在大麵團上。

TIPS 耳朵的兩端要壓緊，
以免二次發酵時會翹起來。

G | 二次發酵

13 用保鮮膜完整包覆陶
鍋，放在溫暖處進行
二次發酵，待麵團膨
脹至 1.5 倍大即可。

14 以竹炭粉調和適量的
水（材料分量外），
畫上表情。

H | 烘烤

15 放入以 180℃ 上下火預熱好的烤箱，以
140℃ 烘烤 25 分鐘。

16 烘烤出爐時，將模型輕敲桌面幾下，以利
脫模。

17 取出後立刻放於涼架，散除熱氣。

 BREAD 22

南瓜雪怪

這一款南瓜雪怪是萬聖節帶來的靈感,好吃又應景。在雪怪的嘴巴上抹上草莓果醬,好像張著血盆大口,更加生動。

材料

直徑 18cm 空心蛋糕模

高筋麵粉…130g	
砂糖…1 茶匙	
食鹽…1/4 茶匙	
速發酵母…1/4 茶匙	
蜂蜜…1 茶匙	
冷開水…80g	
無鹽奶油…10g	
南瓜粉…適量	
抹茶粉…適量	
竹炭粉…適量	
草莓果醬…適量	

作法

A | 製作麵團

1 麵團基本作法請見 p.16 ～ p.18 的步驟 1 ～ 17。

B | 上色

2 利用抹茶粉加適量的水(材料分量外),調和出綠色色料。

3 取出 3g 的小麵團,沾取綠色色料,以揉麵的方式將顏色混合均勻(調色方式請見 p.26)。

4 將大麵團分切成兩半,一半沾取用南瓜粉色料,以同樣的方式將顏色混合均勻,另一半保持原色。

C | 一次發酵

5 分別將麵團整成表面平整光滑的圓形,放進大碗用保鮮膜完整保覆住,放在溫暖處進行一次發酵,約半小時,等到麵團膨脹至兩倍大即可。

TIPS 不同顏色的麵團進行發酵時,需用烘焙紙隔開。

TIPS 發酵完畢,需用手輕壓、排出氣體,烤出來的麵包才不會有大氣泡。

D │ 分切麵團

6 分別將三色麵團平均
分切成 3 等份（綠色
麵團每個約 1g，原
色、黃色麵團每個約
38g）。

7 找出大麵團平整光滑
的一面，往四周撐開
撫平，多餘的麵團往
底部集中，將收口朝
下放置。

8 將綠色小麵團整成表
面光滑的小圓球。

TIPS 整形時，為了避免其
他麵團變乾燥，需先用保鮮膜
覆蓋。

E │ 入模

9 在模型內塗上奶油，
再將原色麵團放入。

10 在麵團表面輕輕撒上
高筋麵粉（材料分量
外）。

11 放入黃色麵團，再將
綠色小麵團放在黃色
小麵團上、靠近模型
中間的位置。

F │ 二次發酵

12 用保鮮膜完整包覆模型，放在溫暖
處進行二次發酵，待麵團膨脹至
1.5 倍大即可。

G | 畫上表情

13 用竹炭粉調和適量的水（材料分量外），畫上表情。

完成

H | 烘烤

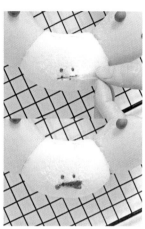

14 放入以180℃上下火預熱好的烤箱，以140℃烘烤25分鐘。

15 烘烤出爐時，將模型輕敲桌面幾下，以利脫模。

16 取出後立刻放於涼架，散除熱氣。

17 用刀子輕畫雪怪，割出一條縫隙，再將果醬抹入。

23
Piggies

 BREAD 23

胖胖豬

揉入胡蘿蔔粉,製造出小豬粉嫩的顏色,微胖的體型、尖
尖向前下垂的耳朵,讓小豬更加俏皮。

材料

21cm 長條不沾模

高筋麵粉…70g

砂糖…1/2 茶匙

食鹽…1/8 茶匙

速發酵母…1/8 茶匙

蜂蜜…1/2 茶匙

冷開水…43g

無鹽奶油…5g

胡蘿蔔粉…適量

竹炭粉…適量

作法

A | 製作麵團

1 麵團基本作法請見 p.16 ～ p.18 的步驟 1 ～ 17。

B | 上色

2 胡蘿蔔粉中加入適量的水（材料分量外），調和出顏色，成為粉紅色色料。

3 將麵團沾取色料，以揉麵的方式將顏色混合均勻（調色方式請見 p.26）。

C | 一次發酵

4 將麵團整成表面平整光滑的圓形，放進抹了一點點油的大碗，用保鮮膜完整保覆住，放在溫暖處進行一次發酵，約半小時，等到麵團膨脹至兩倍大即可。

TIPS 發酵完畢，需用手輕壓、排出氣體，烤出來的麵包才不會有大氣泡。

D | 分切麵團

5 從麵團分切出 5 個小麵團，作為鼻子（每個約 1g），再分切 1 個麵團，作為耳朵（約 10g）。

6 將剩餘麵團平均分切成 5 等份，作為小豬身體（每個約 21g）。

E | 整形

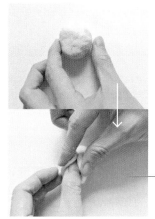

7 將麵團較不光滑的一面朝上，用大拇指輕壓後再往內包覆，捏成微長的小豬身體。

F │ 入模

8 在模型內塗上奶油，再將大麵團放入。

9 將小麵團揉捏成圓球，黏在小豬的身體上。

10 將耳朵麵團擀平，均勻分切成 10 等份（每個約 1g），呈三角形。

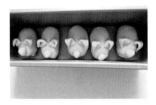

11 將三角形麵團黏在小豬上，呈現微捲的小豬耳朵。

TIPS 耳朵的兩端要壓緊，以免二次發酵時會翹起來。

G │ 二次發酵

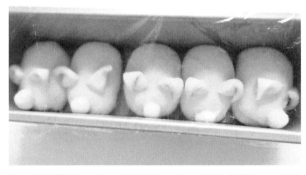

12 用保鮮膜完整包覆模型，放在溫暖處進行二次發酵，待麵團膨脹至 1.5 倍大即可。

H │ 烘烤

13 放入以 180℃上下火預熱好的烤箱，以 140℃烘烤 25 分鐘。

14 烘烤出爐時，將模型輕敲桌面幾下，以利脫模。

15 取出後立刻放於涼架，散除熱氣。

16 用竹炭粉調和適量的水（材料分量外），畫上眼睛；用甜菜根粉調和適量的水（材料分量外），畫上腮紅即完成。

24
Momotaro

桃太郎寶寶

BREAD 24

很喜歡這一款桃太郎寶寶的配色，微微的粉紅與粉黃色，
搭配上一點綠葉，光看就讓人感覺好心情呢！

材料

直徑 15cm 小陶鍋
高筋麵粉…130g
砂糖…1 茶匙
食鹽…1/4 茶匙
速發酵母 …1/4 茶匙
蜂蜜…1 茶匙
冷開水…80g
無鹽奶油…10g
甜菜根粉…適量
南瓜粉…適量
抹茶粉…適量
竹炭粉…適量

作法

A │製作麵團

1 麵團基本作法請見 p.16 ～ p.18 的步驟 1 ～ 17。

B │上色

2 先分切出一個小麵團（約 6g），作為葉子，再將剩餘麵團平均分切成兩半。

3 將抹茶粉加入適量的水（材料分量外），調和成色料。

4 將小麵團沾取色料，以揉麵的方式將顏色混合均勻（調色方式請見 p.26）。

5 以同樣的揉麵方式，將兩個麵團分別揉入甜菜根粉、南瓜粉。

C │一次發酵

6 分別將麵團整成表面平整光滑的圓形，用保鮮膜完整保覆住，放在溫暖處進行一次發酵，約半小時，等到麵團膨脹至兩倍大即可。

TIPS 不同顏色的麵團進行發酵時，需用烘焙紙隔開。

TIPS 發酵完畢，需用手輕壓、排出氣體，烤出來的麵包才不會有大氣泡。

D ｜分割整形

約1g
約19g
約19g

7 將三色麵團平均分切成三等份。

8 將黃色麵團整成表面光滑的圓形。

9 將粉紅色麵團整成表面光滑的圓形，再用圓形切模在麵團中間壓出一條弧線。

10 將綠色麵團擀成片狀，再對切一半。

E ｜入模

11 在陶鍋內塗上奶油，將黃色、粉色麵團交錯放入模型中，並保持適當距離。

12 在粉色麵團上黏上綠色麵團。

F ｜二次發酵

13 用保鮮膜完整包覆陶鍋，放在溫暖處進行二次發酵，待麵團膨脹至 1.5 倍大即可。

G ｜烘烤

14 放入以 180℃上下火預熱好的烤箱，以 140℃烘烤 25 分鐘。

15 烘烤出爐時，將模型輕敲桌面幾下，以利脫模。

16 取出後立刻放於涼架，散除熱氣。

17 分別用竹炭粉、甜菜根粉調和適量的水（材料分量外），畫上眼睛、腮紅。

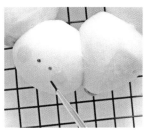

25
Mini Pomeranians

 BREAD 25

迷你博美犬

這一款手撕麵包以圓形切模製作，好像小鈴鐺的造型，小巧可愛。以愛心糖片裝飾，是不是很像吐著舌頭的小狗呢？

材料

直徑 5cm 圓形切模

高筋麵粉…70g

砂糖…1/2 茶匙

食鹽…1/8 茶匙

速發酵母…1/8 茶匙

蜂蜜…1/2 茶匙

冷開水…43g

無鹽奶油…5g

南瓜粉…適量

番茄粉…適量

竹炭粉…適量

粉紅愛心糖片…6 片

作法

A | 製作麵團

1 麵團基本作法請見 p.16 ～ p.18 的步驟 1 ～ 17。

B | 上色

2 先分切出一個小麵團（約5g），保持原色，作為鼻子。

3 分切出約 35g 的麵團，將番茄粉加入適量的水（材料分量外），調和成橘色色料，將麵團沾取色料，以揉麵的方式將顏色混合均勻（調色方式請見 p.26）。

4 以同樣的揉麵方式，將其餘麵團揉入南瓜粉色料，揉和出黃色麵團。

D | 分割整形

6 將黃色麵團平均分切成 5 等份（每個約 17g）；將原色小麵團平均分切成5等份（每個約 1g）。

7 將橘色麵團分切成 5 個 6g、5 個 1g。

C | 一次發酵

5 分別將麵團整成表面平整光滑的圓形，用保鮮膜完整保覆住，放在溫暖處進行一次發酵，約半小時，等到麵團膨脹至兩倍大即可。

TIPS 不同顏色的麵團進行發酵時，需用烘焙紙隔開。

TIPS 發酵完畢，需用手輕壓、排出氣體，烤出來的麵包才不會有大氣泡。

107

8 黃色麵團整成圓形，將較大的橘色麵團擀成片狀，包覆住黃色麵團的上半部。

10 將橘色小麵團整形後分成兩半，作為兩邊耳朵。

9 將原色麵團揉成圓球狀，黏在中間位置。

E｜二次發酵

11 用烘焙紙包覆圓型切模外圍，將製作好的五個小狗麵團沿著模型排放。

12 用保鮮膜完整包覆麵團，放在溫暖處進行二次發酵，待麵團膨脹至 1.5 倍大即可。

F｜烘烤

13 放入以 180℃ 上下火預熱好的烤箱，以 140℃ 烘烤 25 分鐘。

14 烘烤出爐時，將模型輕敲桌面幾下，以利脫模。

15 取出後立刻放於涼架，散除熱氣。

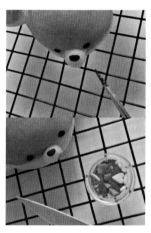

16 用竹炭粉調和適量的水（材料分量外），畫上眼睛；用刀子在白色麵團上割出一條縫隙，插入愛心糖片。

26
Squirrels

BREAD 26

窩窩小松鼠

在製作小動物造型時，大部分會黏上兩個小麵團呈現，不過這裡的小松鼠我嘗試用剪刀剪出立體耳朵，效果也出奇的好呢！

材料

15cm 方形不沾模

高筋麵粉⋯130g

砂糖⋯1 茶匙

食鹽⋯1/4 茶匙

速發酵母 ⋯1/4 茶匙

蜂蜜⋯1 茶匙

冷開水⋯80g

無鹽奶油⋯10g

可可粉⋯適量

竹炭粉⋯適量

作法

A | 製作麵團

1 麵團基本作法請見 p.16 ～ p.18 的 步 驟 1 ～ 17。

B | 上色

2 可可粉中加入適量的 水（材料分量外）， 調和出顏色，成為咖 啡色色料。

3 將麵團沾取色料，以 揉麵的方式將顏色混 合均勻（調色方式請 見 p.26）。

C | 一次發酵

4 將麵團整成表面平整 光滑的圓形，放進抹 了一點點油的大碗， 用保鮮膜完整保覆 住，放在溫暖處進行 一次發酵，約半小時， 等到麵團膨脹至兩倍 大即可。

TIPS 發酵完畢，需用手輕 壓、排出氣體，烤出來的麵包 才不會有大氣泡。

D | 分切麵團

5 將麵團切分成均等 的 16 等份（每份約 14g）。

6 將 8 個麵團整成圓形， 作為頭部；另外 8 個 整成橢圓形，並壓成 扁長形，讓一端保持 有點微尖，作為尾巴。

7 將扁平麵團捲起，保 留一點微尖的麵團。

E｜入模

8 在模型內塗上奶油，先將尾巴部分放入，再放入頭部，依序將8隻小松鼠排入。

9 用剪刀剪出2個耳朵的形狀。

F｜二次發酵

10 用保鮮膜完整包覆模型，放在溫暖處進行二次發酵，待麵團膨脹至1.5倍大即可。

11 在可可粉中加入適量的水（材料分量外），調和色粉，畫上小松鼠的線條。

12 在竹炭粉中加入適量的水（材料分量外），調和色粉，畫上表情。

G｜烘烤

13 放入以180℃上下火預熱好的烤箱，以140℃烘烤25分鐘。

14 烘烤出爐時，將模型輕敲桌面幾下，以利脫模。

15 取出後立刻放於涼架，散除熱氣。

BREAD 27

聖誕老公公

留著雪白鬍子、身穿紅色大衣、頭戴紅色帽子的聖誕老公公，看起來好像有些複雜，但製作成功會很有成就感。在寒冷的冬日裡，就讓聖誕老公公帶來歡樂又熱鬧的氣息吧。

材料

直徑 18cm 空心蛋糕模

高筋麵粉…130g

砂糖…1 茶匙

食鹽…1/4 茶匙

速發酵母 …1/4 茶匙

蜂蜜…1 茶匙

冷開水…80g

無鹽奶油…10g

紅麴粉…適量

胡蘿蔔粉…適量

竹炭粉…適量

白色愛心糖片…4 片

紅色愛心糖片…4 片

白巧克力…適量

作法

A ｜ 製作麵團

1 麵團基本作法請見 p.16 ～ p.18 的步驟 1 ～ 17。

B ｜ 上色

2 取出約 22g 的小麵團，保持原色，其中的 20g 作為鬍子、2g 作為帽子小球。

3 利用紅麴粉加適量的水（材料分量外），調和出紅色，取出 115g 的麵團，以揉麵的方式將顏色混合均勻（調色方式請見 p.26）。

4 微量胡蘿蔔粉加適量的水（材料分量外）調和淡淡橘色，將剩餘麵團沾取色料，以同樣方式揉和均勻。

C │ 一次發酵

5 分別將麵團整成表面平整光滑的圓形，用保鮮膜完整保覆住，放在溫暖處進行一次發酵，約半小時，等到麵團膨脹至兩倍大即可。

TIPS 不同顏色的麵團進行發酵時，需用烘焙紙隔開。

TIPS 發酵完畢，需用手輕壓、排出氣體，烤出來的麵包才不會有大氣泡。

D │ 分切麵團

6 將淡橘色麵團平均分切成 4 等份（每個約 23g）；紅色麵團平均分切成 5 等份（每個約 23g）。

E │ 入模

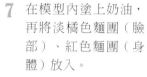

7 在模型內塗上奶油，再將淡橘色麵團（臉部）、紅色麵團（身體）放入。

8 將紅色麵團（見步驟 6）、原色麵團（見步驟 2，20g 麵團）整成圓形後，擀成片狀，再分切成四等份（每個約 5g）。

9 將麵團分別黏在臉部，作為鬍子和帽子。

F ｜ 二次發酵

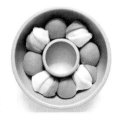

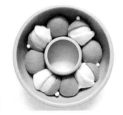

10 用保鮮膜完整包覆模型，放在溫暖處進行二次發酵，待麵團膨脹至 1.5 倍大即可。

11 將步驟 2 的 2g 麵團平均分切成 4 等份（每個約 0.5g），黏在帽子的頂端。

12 以竹炭粉調和適量的水分（材料分量外），畫上眼睛和腰帶。

G ｜ 烘烤

13 放入以 180℃上下火預熱好的烤箱，以 140℃烘烤 25 分鐘。

14 烘烤出爐時，將模型輕敲桌面幾下，以利脫模。

15 取出後立刻放於涼架，散除熱氣。

16 以竹籤沾取融化的白巧力，裝飾上聖誕老公公的鈕扣，再分別黏上紅色、白色的愛心糖片。

28
owls

 BREAD 28

貓頭鷹

貓頭鷹有著又大又圓的眼睛，以白巧克力片加上黑巧力，剛好呈現它有點呆又有點萌的眼神。

材料

15cm 方形不沾模

高筋麵粉…70g

砂糖…1/2 茶匙

食鹽…1/8 茶匙

速發酵母…1/8 茶匙

蜂蜜…1/2 茶匙

冷開水…43g

無鹽奶油…5g

黑可可粉…微量

南瓜粉…適量

竹炭粉…適量

圓形白巧克力片…適量

苦甜巧克力…適量

作法

A │ 製作麵團

1 麵團基本作法請見 p.16 ～ p.18 的 步 驟 1 ～ 17。

B │ 上色

2 取出約12g的小麵團，保持原色，作為貓頭鷹的肚子。

3 取出3g的小麵團，沾取以南瓜粉加水（材料分量外）調和而成的黃色色料，以揉麵的方式，將顏色混合均勻（調色方式請見 p.26）。

4 其他大麵團以相同的方式沾取以黑可可粉調和而成的咖啡色色料，揉和均勻。

C │ 一次發酵

5 分別將麵團整成表面平整光滑的圓形，用保鮮膜完整保覆住，放在溫暖處進行一次發酵，約半小時，等到麵團膨脹至兩倍大即可。

TIPS 不同顏色的麵團進行發酵時，需用烘焙紙隔開。

TIPS 發酵完畢，需用手輕壓、排出氣體，烤出來的麵包才不會有大氣泡。

117

D | 分切麵團

6 將咖啡色麵團平均分切成 6 等份，每份再切出一小部分，作為貓頭鷹的耳朵（耳朵每個約 1g，身體每個約 17g）。

7 分別將黃色麵團平均分切成 6 個（每個約 0.5g），作為嘴巴；原色麵團平均分切成 6 個（每個約 2g），作為肚子。

8 將大麵團整成表面光滑的橢圓形，小麵團整成小圓球。

TIPS 整形時，為了避免其他麵團變乾燥，需先用保鮮膜覆蓋。

F | 入模

9 在模型內塗上奶油，再將咖啡色大麵團放入，保持相同距離。

10 分別將耳朵、嘴巴、肚子黏上。

11 用剪刀將耳朵剪成均等的兩半。

G | 二次發酵

12 用保鮮膜完整包覆模型，放在溫暖處進行二次發酵，待麵團膨脹至 1.5 倍大即可。

13 用竹炭粉調和適量的水（材料分量外），在白色肚子上畫上短條紋。

G | 二次發酵

14 放入以 180℃上下火預熱好的烤箱，以 140℃烘烤 25 分鐘。

15 烘烤出爐時，將模型輕敲桌面幾下，以利脫模。

16 取出後立刻放於涼架，散除熱氣。

17 用融化巧克力作為固定劑，黏上白色巧克力作為眼睛，再用竹籤沾取巧克力，畫上黑眼珠。

29
Lazy Pandas

賴床小熊貓

動作總是緩慢的熊貓，總給人一種慵懶的可愛感。刻意將一隻沒有畫上五官的小熊貓擺放在角落，看起來就好像是不小心滾到了床邊，還是正準備鑽進被窩裡呢？

材料

15cm 方形不沾模

高筋麵粉⋯70g	
砂糖⋯1/2 茶匙	
食鹽⋯1/8 茶匙	
速發酵母⋯1/8 茶匙	
蜂蜜⋯1/2 茶匙	
冷開水⋯43g	
無鹽奶油⋯5g	
竹炭粉⋯適量	

作法

A｜製作麵團

1 麵團基本作法請見 p.16 ～ p.18 的步驟 1 ～ 17。

B｜上色

2 竹炭粉中加入適量的水（材料分量外），調和出濃濃的顏色，成為色料。

3 取出約 25g 的小麵團沾取色料，以揉麵的方式將顏色混合均勻（調色方式請見 p.26）。

C｜一次發酵

4 分別將麵團整成表面平整光滑的圓形，用保鮮膜完整保覆住，放在溫暖處進行一次發酵，約半小時，等到麵團膨脹至兩倍大即可。

TIPS 不同顏色的麵團進行發酵時，需用烘焙紙隔開。

TIPS 發酵完畢，需用手輕壓、排出氣體，烤出來的麵包才不會有大氣泡。

D │ 分切麵團

5 將原色麵團分切成 4
個 16g，作為頭部，
整成表面光滑的圓形；
4 個 8g，作為身體，
整成表面平整光滑的
橢圓形。

6 將黑色麵團平均分
切成 25 個（每個約
1g），作為耳朵、手、
腳、尾巴，捏揉成小
圓球。

E │ 入模

7 在模型鋪上烘焙紙，
先將頭部、身體部位
放入，再黏上耳朵、
手腳、尾巴。

F │ 二次發酵

8 用保鮮膜完整包覆模
型，放在溫暖處進行
二次發酵，待麵團膨
脹至 1.5 倍大即可。

9 用竹炭粉調和適量的
水（材料分量外），
畫上表情。

G │ 烘烤

10 放入以 180℃上下火
預熱好的烤箱，以
140℃烘烤 25 分鐘。

11 烘烤出爐時，取出後
立刻放於涼架，散除
熱氣。

Creative

PART4

\ 創意變化款 /

這個單元中，作法與配色都變得更加豐富了，
小配件也變得更多了，
所以製作時要花更多的時間與耐心，
但是做出來的成果絕對會令人開心感動不已。

30
Snow White &
Seven Dwarfs

BREAD 30

白雪公主與七矮人

這一款「白雪公主與七矮人」可愛又吸睛，不過製作起來稍微繁複，需製作七種不同顏色的小帽子，相當有挑戰呢！

材料

直徑 18cm 空心蛋糕模

高筋麵粉…130g

砂糖…1 茶匙

食鹽…1/4 茶匙

速發酵母…1/4 茶匙

蜂蜜…1 茶匙

冷開水…80g

無鹽奶油…10g

紅麴粉…適量

竹炭粉…適量

可可粉…適量

紫薯粉…適量

黃梔子粉…適量

藍梔子粉…適量

胡蘿蔔粉…適量

甜菜根粉…適量

抹茶粉…適量

作法

A│製作麵團

1 麵團基本作法請見 p.16 ～ p.18 的步驟 1 ～ 17。

B│上色

2 取出約 168g 的麵團，將胡蘿蔔粉加入適量的水（材料分量外），調和成色料，將麵團沾取色料，以揉麵的方式將顏色混合均勻（調色方式請見 p.26），此為臉和手的麵團。

3 從原色麵團中先取出 2g，以同樣方式沾取紅麴粉色料，混合均勻，作為蝴蝶結裝飾。

4 將剩餘麵團平均分割成 8 等份（每個約 6g），分別沾取竹炭粉、紅麴粉、可可粉、紫薯粉、黃梔子粉、藍梔子粉、甜菜根粉、抹茶粉等色料，作為帽子和頭髮。

C│一次發酵

5 分別將麵團整成表面平整光滑的圓形，用保鮮膜完整保覆住，放在溫暖處進行一次發酵，約半小時，等到麵團膨脹至兩倍大即可。

TiPS 不同顏色的麵團進行發酵時，需用烘焙紙隔開。

TiPS 發酵完畢，需用手輕壓、排出氣體，烤出來的麵包才不會有大氣泡。

D │ 製作白雪公主

6 將胡蘿蔔麵團平均分切成 8 等份，每份再切出一小部分，作為手部（手部每個約 1g，臉部每個約 20g）。

7 取出一個胡蘿蔔麵團、竹炭粉麵團、2g 紅麴麵團，將麵團整成表面光滑的圓形。

8 將竹炭粉麵團分出 2/3 擀成扁平狀。

9 將扁平狀的竹炭粉麵團包覆在胡蘿蔔麵團上方。

10 將另一個竹炭粉麵團擀成扁平狀，並分割成兩半，如圖示，黏在胡蘿蔔麵團上。

11 將紅麴麵團黏在竹炭粉麵團上。

E │製作七矮人

12 取出一個胡蘿蔔麵團、抹茶麵團，整成表面光滑的圓形。

14 將抹茶麵團黏在胡蘿蔔麵團上。其他色料麵團以同樣的方式揉捏製作。

13 將抹茶麵團擀成扁平狀，將一端往內折入，製造出一點厚度。

紅麴粉

竹炭粉

可可粉

抹茶粉

紅麴粉

甜菜根粉

胡蘿蔔粉

藍梔子粉

黃梔子粉

紫薯粉

F | 入模

15 將白雪公主與七矮人放入塗有奶油的模型中，再用剪刀將白雪公主頭上的紅色麵團對剪一半。

16 將胡蘿蔔小麵團整形成小圓球，放入大麵團中間。

G | 二次發酵

17 用保鮮膜完整包覆模型，放在溫暖處進行二次發酵，待麵團膨脹至 1.5 倍大即可。

發酵完成

H | 烘烤

18 放入以 180℃上下火預熱好的烤箱，以 140℃烘烤 25 分鐘。

19 烘烤出爐時，將模型輕敲桌面幾下，以利脫模。

20 取出後立刻放於涼架，散除熱氣。

21 以竹炭粉調和適量的水（材料分量外），畫上表情。

31
Lucky Cat &
Dharma

招財貓 & 達摩不倒翁

招財貓與達摩不倒翁都是日本的吉祥物，祈求能夠開運招財與美夢成
真，利用紅麴粉就能製作出這兩隻可愛的吉祥物囉！

材料

15cm 方形不沾模

高筋麵粉…130g

砂糖 …1 茶匙

食鹽…1/4 茶匙

速發酵母…1/4 茶匙

蜂蜜…1 茶匙

冷開水…80g

無鹽奶油…10g

紅麴粉…適量

竹炭粉…適量

作法

A │ 製作麵團

1 麵團基本作法請見 p.16 ～ p.18 的步驟 1 ～ 17。

B │ 上色

2 利用紅麴粉加適量的水（材料分量外），調和出粉紅色色料。

3 取出 100g 的麵團，沾取粉紅色色料，以揉麵的方式將顏色混合均勻（調色方式請見 p.26）。

C │ 一次發酵

4 將麵團整成表面平整光滑的圓形，用保鮮膜完整保覆住，放在溫暖處進行一次發酵，約半小時，等到麵團膨脹至兩倍大。

TIPS 不同顏色的麵團進行發酵時，需用烘焙紙隔開。

TIPS 發酵完畢，需用手輕壓、排出氣體，烤出來的麵包才不會有大氣泡。

D │ 分切麵團

5 將紅麴麵團平均分切成 4 等份，每份再切出一小部分，作為頸圈（招財貓頸圈每個約 2g，不倒翁身體每個約 23g）。

6 將原色麵團平均分切成 4 等份，每份再分別切出 1g（作為貓耳朵）、2g（作為貓的手）、3g（作為不倒翁的臉），剩餘的作為招財貓身體，約 23g。

E｜入模

7 將原色大麵團整成表面光滑的橢圓形，放入塗有奶油的模形中，再將紅色小麵團整成長條狀後黏上。

9 將 3g 原色小麵團壓成扁平狀，黏在不倒翁麵團上。2g 小麵團捏成長條狀，作為招財貓的手；1g 小麵團捏成三角形，作為耳朵。

8 將紅色大麵團放入，並輕壓成微扁平狀。

10 分別以紅麴粉、竹炭粉調和適量的水（材料分量外），畫上五官表情。

F｜二次發酵

11 用保鮮膜完整包覆模型，放在溫暖處進行二次發酵，待麵團膨脹至 1.5 倍大即可。

G｜烘烤

12 放入以 180℃上下火預熱好的烤箱，以 140℃烘烤 25 分鐘。

13 烘烤出爐時，將模型輕敲桌面幾下，以利脫模。

14 取出後立刻放於涼架，散除熱氣。

32
The Adventures
of Pinocchio

BREAD 32

小木偶與蟋蟀

這款手撕麵包的創作靈感來自於童話故事「木偶奇遇記」，利用棒狀餅乾
作為小木偶的鼻子、炸義大利麵作為蟋蟀的觸角，讓角色更加生動可愛。

材料

無須使用模型

高筋麵粉…130g

砂糖 …1 茶匙

食鹽…1/4 茶匙

速發酵母…1/4 茶匙

蜂蜜…1 茶匙

冷開水…80g

無鹽奶油…10g

竹炭粉…適量

抹茶粉…適量

胡蘿蔔粉…適量

黃梔子粉…適量

甜菜根粉…適量

炸義大利麵…適量

棒狀餅乾…適量

作法

A ｜ 製作麵團

1 麵團基本作法請見 p.16 ～ p.18 的 步 驟 1 ～ 17。

B ｜ 上色

2 先分切出一個約 25g 的小麵團作為頭髮；一 個 約 10g 的 小 麵團作為帽子；剩下來的麵團平均分切成兩半，每個約 90g，作為小木偶與蟋蟀。

3 將抹茶粉加入適量的水（材料分量外），調和成色料，將一個 90g 的麵團沾取色料，以揉麵的方式將顏色混合均勻（調色方式請見 p.26）。

4 以同樣的揉麵方式，分別將另一個 90g 的麵團揉入胡蘿蔔粉、10g 的小麵團揉入黃梔子粉、25g 的小麵團揉入竹炭粉。

C ｜ 一次發酵

5 分別將麵團整成表面平整光滑的圓形，用保鮮膜完整保覆住，放在溫暖處進行一次發酵，約半小時，等到麵團膨脹至兩倍大即可。

TiPS 不同顏色的麵團進行發酵時，需用烘焙紙隔開。

TiPS 發酵完畢，需用手輕壓、排出氣體，烤出來的麵包才不會有大氣泡。

D │ 分割整形

6 將兩個大麵團平均分切成五等份（每個約18g），並整成表面光滑的圓形。

8 將黑色片狀切割成頭髮的形狀，並包覆在膚色麵團上，小木偶的雛型即完成。

9 小木偶與綠色蟋蟀完成後，分別以4、5個為一組，排列成圓形。

7 將黑色小麵團平均分切成五等份（每個約5g），整成表面光滑的圓形後，再擀成薄片狀。

10 將黃色小麵團平均分切成10等份（每個約1g），將5個捏成小圓球，作為帽子；5個壓成扁平狀，作為帽簷。

E｜二次發酵

11 用保鮮膜完整包覆烤盤，放在溫暖處進行二次發酵，待麵團膨脹至 1.5 倍大即可。

12 用竹炭粉調和適量的水（材料分量外），畫上五官表情。

13 用甜菜根粉調和適量的水（材料分量外），畫上腮紅。

F｜烘烤

14 放入以 180℃上下火預熱好的烤箱，以 140℃烘烤 25 分鐘。

15 取出後立刻放於涼架，散除熱氣。

16 插上炸義大利麵作為蟋蟀的觸角，棒狀餅乾作為小木偶長長的鼻子。

17 沾取融化的白巧克力（材料分量外）作為固定劑，先黏上扁狀的帽簷，再黏上圓球，帽子就完成了。

33
Kittens

BREAD 33

小 花 貓

將黃色、咖啡色兩種色粉揉入麵團中，就能製作出虎斑貓的花色效果，
搭配上以剪刀剪出的耳朵效果，立體又特別。

材料

21cm 長條不沾模

高筋麵粉…70g

砂糖…1/2 茶匙

食鹽…1/8 茶匙

速發酵母…1/8 茶匙

蜂蜜… 1/2 茶匙

冷開水…43g

無鹽奶油…5g

可可粉…適量

黃梔子粉…適量

竹炭粉…適量

作法

A ｜製作麵團

1 麵團基本作法請見 p.16 ～ p.18 的步驟 1 ～ 17。

B ｜上色

2 分切出一個 10g、一個 6g 的小麵團。

3 將黃梔子粉加入適量的水（材料分量外），調和成色料，將 10g 的小麵團沾取色料，以揉麵的方式將顏色混合均勻（調色方式請見 p.26）。

4 以同樣的揉麵方式，將 6g 的小麵團揉入可可粉。

C ｜一次發酵

5 分別將麵團整成表面平整光滑的圓形，用保鮮膜完整保覆住，放在溫暖處進行一次發酵，約半小時，等到麵團膨脹至兩倍大即可。

TIPS 不同顏色的麵團進行發酵時，需用烘焙紙隔開。

TIPS 發酵完畢，需用手輕壓、排出氣體，烤出來的麵包才不會有大氣泡。

D │ 分切麵團

6 將大麵團平均分切成 4 等份（每個約 26g），整成表面光滑的圓形，再擀成長條扁平狀。

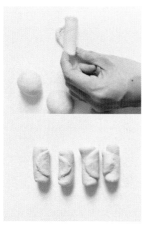

7 將長形麵團捲起，並將尾端固定。

E │ 入模

8 在模型內塗上奶油，再將麵團放入。

9 將黃色麵團分切成 5 等份（每個約 2g），咖啡色麵團分切成 3 等份（每個約 2g），並整成圓球狀。

10 將麵團擀成扁平狀，作為小貓的斑紋，包覆在原色麵團上。

11 將黃色小麵團對切一半，揉成小圓球，黏在第二、四的原色麵團上，作為尾巴。

12 用剪刀在第一、三個麵團上，剪出小貓的耳朵。

F｜二次發酵

13 用保鮮膜完整包覆模型，放在溫暖處進行二次發酵，待麵團膨脹至 1.5 倍大即可。

G｜烘烤

14 放入以 180℃ 上下火預熱好的烤箱，以 140℃ 烘烤 25 分鐘。

15 烘烤出爐時，將模型輕敲桌面幾下，以利脫模。

16 取出後立刻放於涼架，散除熱氣。

17 用竹炭粉調和適量的水（材料分量外），畫上五官表情。

34
Little Red Riding Hood
and Big Wolf

 BREAD 34

小 紅 帽 與 大 野 狼

「小紅帽」是許多小朋友熟知的童話故事,以紅色造型的小紅帽,搭配
上可可色的大野狼,讓人彷彿置身於童話故事裡。

材料

15cm 方形不沾模

高筋麵粉…130g

砂糖…1 茶匙

食鹽…1/4 茶匙

速發酵母…1/4 茶匙

蜂蜜…1 茶匙

冷開水…80g

無鹽奶油…10g

黑可可粉…適量

紅麴粉…適量

胡蘿蔔粉…適量

可可粉…適量

竹炭粉…適量

作法

A | 製作麵團

1 麵團基本作法請見 p.16 ～ p.18 的步驟 1 ～ 17。

B | 上色

2 分切出一個 85g 的麵團作為小紅帽的臉、一個 30g 的小麵團作為小紅帽的頭巾,剩下來的大麵團(約 115g)作為大野狼。

3 將胡蘿蔔粉加入適量的水(材料分量外),調和成色料,將 68g 的麵團沾取色料,以揉麵的方式將顏色混合均勻(調色方式請見 p.26)。

4 以同樣的揉麵方式,將 24g 的小麵團揉入紅麴粉;大麵團揉入黑可可粉。

C | 一次發酵

5 分別將麵團整成表面平整光滑的圓形,用保鮮膜完整保覆住,放在溫暖處進行一次發酵,約半小時,等到麵團膨脹至兩倍大即可。

TIPS 不同顏色的麵團進行發酵時,需用烘焙紙隔開。

TIPS 發酵完畢,需用手輕壓、排出氣體,烤出來的麵包才不會有大氣泡。

D │ 分切麵團

6 將咖啡色麵團平均分切成 5 等份，每份再切出兩小塊，作為大野狼的耳朵與鼻子（耳朵每個約 1g，鼻子每個約 3g，臉部每個約 19g）。

7 將臉部麵團整成表面平整光滑的圓形，放入抹上奶油的模型中。

8 將耳朵對切一半再捏成立體三角形、鼻子整成圓形黏在臉部。

9 用剪刀在鼻子處橫剪一刀。

10 將胡蘿蔔麵團平均分切成 5 等份（每個約 17g）；將紅麴麵團平均分切成 5 等份後，再各分切出 5 個小麵團，作為頭巾（約 5g）與領結（約 1g），分別整成表面光滑的圓形。

11 將 5g 的紅麴麵團擀成扁平狀，包覆在胡蘿蔔麵團上，小紅帽的雛型就完成了。

12 將小紅帽放入模型中，並黏上 1g 的紅麴麵團，再用剪刀對剪成半，作為領結。

E｜二次發酵

13 用保鮮膜完整包覆模型，放在溫暖處進行二次發酵，待麵團膨脹至 1.5 倍大即可。

發酵前

發酵後

F｜畫上表情

14 用竹炭粉調和適量的水（材料分量外），畫上眼睛，用紅麴粉色料畫上嘴巴、可可粉色料畫上瀏海。

G｜烘烤

15 放入以 180℃上下火預熱好的烤箱，以 140℃烘烤 25 分鐘。

16 烘烤出爐時，將模型輕敲桌面幾下，以利脫模。

17 取出後立刻放於涼架，散除熱氣。

BREAD 35

冬日風呂

利用竹炭粉揉出像大理石的花色，加上兩隻併排而坐的黑貓，
看起來就像是正在享受著泡湯樂趣的幸福景象。

材料

直徑 5cm 圓形切模

高筋麵粉⋯70g

砂糖⋯1/2 茶匙

食鹽⋯1/8 茶匙

速發酵母⋯1/8 茶匙

蜂蜜⋯ 1/2 茶匙

冷開水⋯43g

無鹽奶油⋯5g

竹炭粉⋯適量

白巧克力⋯適量

作法

A │ 製作麵團

1 麵團基本作法請見 p.16 ～ p.18 的步驟 1 ～ 17。

B │ 上色

2 將麵團均勻分切成兩半，進行上色。

3 利用竹炭粉加適量的水（材料分量外），調和出濃濃的黑色色料，將一半的麵團以揉麵的方式將顏色混合均勻（調色方式請見 p.26）。

4 另一個麵團以同樣的方式，揉入竹炭粉調和而成的淡灰色色料。

C │ 一次發酵

5 將麵團整成表面平整光滑的圓形，用保鮮膜完整保覆住，放在溫暖處進行一次發酵，約半小時，等到麵團膨脹至兩倍大。

TIPS 不同顏色的麵團進行發酵時，需用烘焙紙隔開。

TIPS 發酵完畢，需用手輕壓、排出氣體，烤出來的麵包才不會有大氣泡。

D ｜ 分切麵團

6 分別將黑色麵團和灰色麵團平均分切成 4 等份。

8 將黑色小麵團稍微壓成扁平狀，用剪刀剪成兩半。

7 從黑色麵團中各取出一點小麵團來製作貓咪的耳朵（耳朵每個約 1g、身體與臉每個約 14g），整成圓形。

9 將小麵團捏成三角形，黏在黑色麵團上。

E ｜ 入模

10 鋪上烘焙紙，在模型周圍塗上奶油，將黑色、灰色麵團沿著模型排列，並保持適當距離。另外兩個小貓臉部麵團放在一旁。

F ｜ 二次發酵

11 用保鮮膜完整包覆麵團，放在溫暖處進行二次發酵，待麵團膨脹至 1.5 倍大即可。

G ｜ 烘烤

12 放入以 180℃ 上下火預熱好的烤箱，以 140℃ 烘烤 25 分鐘。

13 烘烤出爐時，將模型輕敲桌面幾下，以利脫模。

14 取出後立刻放於涼架，散除熱氣。

15 利用融化的白巧克力畫上貓咪的五官，再疊到黑色身體麵團上即完成。

36
Succulent Plants

 BREAD 36

多 肉 盆 栽

多肉植物與仙人掌圓圓胖胖的模樣，是很
受歡迎的療癒植物，做成手撕麵包造型的
多肉盆栽，可愛又充滿生氣。

材料

21cm 長條不沾模

高筋麵粉…70g

砂糖…1/2 茶匙

食鹽…1/8 茶匙

速發酵母…1/8 茶匙

蜂蜜… 1/2 茶匙

冷開水…43g

無鹽奶油…5g

抹茶粉…適量

番茄粉…適量

白巧克力…適量

炸義大利麵…3 根

作法

A │ 製作麵團

1　麵團基本作法請見 p.16 ～ p.18 的步驟 1 ～ 17。

B │ 上色

2　利用番茄粉加適量的水（材料分量外），調和出橘色色料。

3　取出 100g 的麵團，沾取橘色色料，以揉麵的方式將顏色混合均勻（調色方式請見 p.26）。

4　以相同的揉麵方式，將其他麵團沾取以抹茶粉調和而成的綠色色料。

C │ 一次發酵

5　將麵團整成表面平整光滑的圓形，用保鮮膜完整保覆住，放在溫暖處進行一次發酵，約半小時，等到麵團膨脹至兩倍大。

TIPS 不同顏色的麵團進行發酵時，需用烘焙紙隔開。

TIPS 發酵完畢，需用手輕壓、排出氣體，烤出來的麵包才不會有大氣泡。

D │ 分切麵團

6　將橘色麵團平均分切成 4 等份，每個約 25g。整成表面光滑的圓形後，放入塗有奶油的模型中。

7　將綠色麵團捏成有大有小的水滴狀，並黏在一起。

8　將綠色小麵團捏成小
　圓球狀，用剪刀剪成
　兩半後再合起，再剪
　出凹槽（如圖示）。

E │二次發酵

9　用保鮮膜完整包覆模
　型，放在溫暖處進行
　二次發酵，待麵團膨
　脹至 1.5 倍大即可。

F │烘烤

10　放入以 180℃上下火
　　預熱好的烤箱，以
　　140℃烘烤 25 分鐘。

11　烘烤出爐時，將模型
　　輕敲桌面幾下，以利
　　脫模。

12　取出後立刻放於涼
　　架，散除熱氣。

13　用抹茶粉調和適量的
　　水（材料分量外）與
　　融化的白巧克力，在
　　仙人掌上畫出斑點。

14　利用融化的白巧克力
　　作為固定劑，將仙人
　　掌黏在橘色盆栽上，
　　較高的仙人掌則是插
　　入炸義大利麵固定。

149

山洞裡的小地鼠

這一款小地鼠造型的配件有點多，看起來雖然有點繁複，但只要照著步驟細心揉捏，就能呈現出可愛的成果。

37
Small Gophers

材料

15cm 方形不沾模

....

高筋麵粉…130g

砂糖 …1 茶匙

食鹽…1/4 茶匙

速發酵母…1/4 茶匙

蜂蜜…1 茶匙

冷開水…80g

無鹽奶油…10g

抹茶粉…適量

黑可可粉…適量

紅麴粉…適量

竹炭粉…適量

作法

A │ 製作麵團

1 麵團基本作法請見 p.16 ～ p.18 的步驟 1 ～ 17。

B │ 上色

2 利用黑可可粉加適量的水（材料分量外），調和出淡咖啡色料。

3 取出 160g 的麵團，沾取淡咖啡色色料，以揉麵的方式將顏色混合均勻（調色方式請見 p.26），此作為石頭。

4 以同樣的方式，取出 2g 小麵團揉入紅麴粉色料，作為紅花；取出 7g 小麵團揉入抹茶粉色料，作為綠葉；取出 66g 的麵團，揉入濃濃的黑可可粉色料，作為小地鼠；其他剩餘的原色麵團，作為小地鼠的雙手與耳朵。

C │ 一次發酵

5 分別將麵團整成表面平整光滑的圓形，放在溫暖處進行一次發酵，約半小時，等到麵團膨脹至兩倍大。

TiPS 不同顏色的麵團進行發酵時，需用烘焙紙隔開。

TiPS 發酵完畢，需用手輕壓、排出氣體，烤出來的麵包才不會有大氣泡。

D │ 分切麵團

6 將淡咖啡色麵團平均
分切成 8 等份（每個
約 20g），整成表面光
滑的圓形，放入塗有
奶油的模型的四周。

7 將深咖啡色麵團平均
分切成 2 等份，取出一
小部分作為鼻子、眼皮
（鼻子、眼皮約 0.5g，
小地鼠約 32g），放入
模型中間。

8 將原色麵團取出 2g 作
為眼睛，再黏上深咖
啡色的眼皮。

E │ 二次發酵

9 用保鮮膜完整包覆模
型，放在溫暖處進行
二次發酵，待麵團膨
脹至 1.5 倍大即可。

TIPS 這款造型的配件都很
小，所以等主麵團發酵好再製
作放入，以免落入縫細內。

發
酵
前

發
酵
完
成

F │ 裝飾

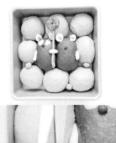

10 將原色麵團分切成 7 等份，作為眼睛（4 等份）、手（3 等份）。先將耳朵捏成如圖示的形狀，再黏上。

11 取出約 4g 的綠色麵團，揉成長條狀，放在兩隻小地鼠中間。

12 將紅色麵團揉成表面不規則的扁平圓形，在中間搓一個小洞。

13 將原色麵團揉成長條狀，作為雙手並黏上。

G │ 烘烤

15 用竹炭粉調和適量的水（材料分量外），畫上表情。

16 放入以 180℃上下火預熱好的烤箱，以 140℃烘烤 25 分鐘。

14 將綠色麵團分成 3 等份並整形成小圓球，隨意放入模型中，再用剪刀剪出不規則的形狀。

17 烘烤出爐時，將模型輕敲桌面幾下，以利脫模。

18 取出後立刻放於涼架，散除熱氣。

38
Cherry Blossoms
on The Hillside

BREAD 38

山坡上的櫻花

綠色的草地、粉色的櫻花樹，再以餅乾、花朵糖片作為裝飾，
將花草風吹進了手撕麵包裡，成為一幅療癒的風景。

材料

直徑 18cm 空心蛋糕模

高筋麵粉…130g

砂糖…1 茶匙

食鹽…1/4 茶匙

速發酵母…1/4 茶匙

蜂蜜…1 茶匙

冷開水…80g

無鹽奶油…10g

抹茶粉…適量

甜菜根粉…適量

愛心糖片…適量

棒狀餅乾…3 根

作法

A ｜ 製作麵團

1 麵團基本作法請見 p.16 ～ p.18 的 步 驟 1 ～ 17。

B ｜ 上色

2 利用抹茶粉加適量的 水（材料分量外）， 調和出綠色色料。

3 取出 144g 的 麵 團， 沾取綠色色料，以揉 麵的方式將顏色混合 均勻（調色方式請見 p.26）。

4 取 出 66g 的 麵 團， 以同樣的方式揉入甜 菜根粉色料。其餘約 12g 的麵團保持原色。

5 將三色麵團整成表面 光滑的圓形，將收口 處捏緊朝下放置。

C ｜ 一次發酵

6 用保鮮膜完整保覆麵 團，放在溫暖處進行 一次 發 酵， 約半小 時，等到麵團膨脹至 兩倍大。

TIPS 不同顏色的麵團進行 發酵時，需用烘焙紙隔開。

TIPS 發酵完畢，需用手輕 壓、排出氣體，烤出來的麵包 才不會有大氣泡。

D │ 分割

7 將綠色麵團切分成均等的 8 等份（每份約 18g）。

8 在模型內塗上奶油，將綠色麵團平均放入模型中。

E │ 製作櫻花

9 將粉紅色麵團擀平。

10 利用樹葉模型壓出形狀，共 3 片，剩餘麵團整成 4 個小圓球備用。

11 放在鋪了烘焙紙的烤盤上。

F │ 製作小兔子

12 將原色麵團分切成兩等份，每份再分切出一小部分，作為兔子耳朵（耳朵約 1g，頭部約 5g），整成表面光滑的圓形再相疊。

13 以剪刀將小麵團剪成兩半，作為耳朵。

G｜二次發酵

14 用保鮮膜完整包覆模型與烤盤，放在溫暖處進行二次發酵，等麵團膨脹至 1.5 倍大即可。

H｜烘烤

15 放入以 180℃上下火預熱好的烤箱，以 140℃烘烤 25 分鐘

16 烘烤出爐時，將模型輕敲桌面幾下，以利脫模。

17 取出後立刻放於涼架，散除熱氣。

I｜裝飾

18 用融化巧克力作為固定劑，將愛心糖片黏在櫻花樹麵包上。

19 用棒狀餅乾穿入麵包，櫻花樹就完成了。

20 將櫻花樹插入綠色麵包上，再用刷子沾取用甜菜根粉調和而成的色料，畫上小兔子的眼睛即完成。

BREAD 39

嗡嗡小蜜蜂

黃澄澄的小蜜蜂,穿梭在鮮綠的草叢與粉紅色的花朵中,
美麗的配色光看就能帶來好心情。

材料

15cm 方形不沾模

高筋麵粉…130g

砂糖 …1 茶匙

食鹽…1/4 茶匙

速發酵母…1/4 茶匙

蜂蜜…1 茶匙

冷開水…80g

無鹽奶油…10g

黃梔子粉…適量

抹茶粉 …適量

甜菜根粉…適量

竹炭粉 …適量

紅麴粉…適量

白巧克力片…適量

作法

A │ 製作麵團

1 麵團基本作法請見 p.16 ～ p.18 的 步 驟 1 ～ 17。

B │ 上色

2 利用黃梔子粉加適量的水(材料分量外),調和出黃色色料。

3 取出 138g 的 麵 團,沾取黃色色料,以揉麵的方式將顏色混合均勻(調色方式請見 p.26),此作為蜜蜂。

4 以同樣的方式,取出 68g 麵團揉入抹茶粉色料,作為草叢;取出 15g 麵團揉入甜菜根粉色料,作為花朵。

C │ 一次發酵

5 分別將麵團整成表面平整光滑的圓形,用保鮮膜完整保覆住,放在溫暖處進行一次發酵,約半小時,等到麵團膨脹至兩倍大即可。

TIPS 不同顏色的麵團進行發酵時,需用烘焙紙隔開。

TIPS 發酵完畢,需用手輕壓、排出氣體,烤出來的麵包才不會有大氣泡。

D │ 分切麵團

6 將黃色麵團平均分切成 6 等份（每個約 23g），綠色麵團平均分切成 4 等份（每個約 17g），整成表面光滑的圓形。

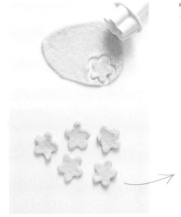

7 將粉紅色麵團擀成扁平狀，利用花朵模型壓出花朵模樣（每個約 2g）。將剩餘小麵團平均分切成 5 等份，並整成表面光滑的小圓球。

8 將粉紅色花朵麵團與圓形小麵團黏在綠色麵團上。

E │ 二次發酵

9 將麵團放入模型中，用保鮮膜完整包覆，放在溫暖處進行二次發酵，待麵團膨脹至 1.5 倍大即可。

F │ 畫上表情

10 用竹炭粉調和適量的水（材料分量外），畫上小蜜蜂的表情與條紋。

11 用紅麴粉調和適量的水（材料分量外），畫上小蜜蜂的腮紅。

G | 烘烤

12 放入以 180℃ 上下火預熱好的烤箱，以 140℃烘烤 25 分鐘。

13 烘烤出爐時，將模型輕敲桌面幾下，以利脫模。

14 取出後立刻放於涼架，散除熱氣。

15 將白色片狀巧克力切成長條狀，作為蜜蜂的耳朵並黏上。

 BREAD 40

吹笛手

這個「吹笛手」的創作靈感來自於德國的童話故事，
很適合與小朋友邊說故事邊享用麵包。

材料

15cm 方形不沾模

高筋麵粉…70g

砂糖…1/2 茶匙

食鹽…1/8 茶匙

速發酵母…1/8 茶匙

蜂蜜… 1/2 茶匙

冷開水…43g

無鹽奶油…5g

可可粉…適量

胡蘿蔔粉…適量

竹炭粉…適量

抹茶粉…適量

棒狀餅乾…1 支

作法

A │ 製作麵團

1 麵團基本作法請見 p.16 ～ p.18 的 步 驟 1 ～ 17。

B │ 上色

2 利用微量竹炭粉加 適量的水（材料分量 外），調和出淡灰色 色料。

3 取出 90g 的麵團，沾 取淡灰色色料，以揉 麵的方式將顏色混合 均勻（調色方式請見 p.26），此作為老鼠。

4 以同樣的方式，取出 8g 小麵團揉入可可粉 色料，作為頭髮；取 出 11g 小麵團揉入抹 茶粉色料，作為帽子 與身體；取出 12g 的 麵團，揉入胡蘿蔔粉 色料，作為吹笛手的 手與臉。

C │ 一次發酵

5 分別將麵團整成表面 平整光滑的圓形，用 保鮮膜完整保覆住， 放在溫暖處進行一次 發酵，約半小時，等 到麵團膨脹至兩倍大 即可。

TIPS 不同顏色的麵團進行 發酵時，需用烘焙紙隔開。

TIPS 發酵完畢，需用手輕 壓、排出氣體，烤出來的麵包 才不會有大氣泡。

D │ 分切麵團

6 從胡蘿蔔麵團分切出 兩個小麵團作為手 （每個大約 1g）， 剩餘的作為臉部（約 10g），整成表面光滑 的圓形。

7 從抹茶麵團分切出兩 個小麵團作為帽子 （每個大約 1g）， 剩餘的作為身體（約 10g），整成表面光滑 的橢圓形。

E │ 整形

8 將可可粉麵團壓成扁平狀並割出瀏海線條，如圖示。

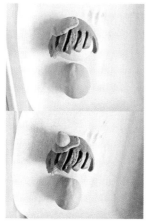

9 將頭與身體放入模型中，再將一個綠色小麵團捏成扁平狀，黏在頭髮上後，黏上另一個小圓球麵團，可愛的帽子就完成了。

10 將灰色麵團分切成 9 個小麵團（有大有小也無妨），再從 9 個麵團中各取出一點小麵團來製作耳朵，整成表面光滑的圓形。

11 將大小麵團放入模型中，再用剪刀將小麵團剪成兩半，作為耳朵。

12 放入棒狀餅乾，作為笛子。

F │ 二次發酵

13 將麵團放入模型中，用保鮮膜完整包覆，放在溫暖處進行二次發酵，待麵團膨脹至 1.5 倍大即可。

14 用竹炭粉調和適量的水（材料分量外），畫上吹笛手和小老鼠的表情。

G │ 烘烤

15 放入以 180℃ 上下火預熱好的烤箱，以 140℃ 烘烤 25 分鐘。

16 烘烤出爐時，將模型輕敲桌面幾下，以利脫模。

17 取出後立刻放於涼架，散除熱氣。

41
Koalas

BREAD 41

胖胖無尾熊

這一款手撕造型是利用圓形切模將麵團堆疊出高度,做出像站姿般的無尾熊,自然傾斜的模樣,看起來更加慵懶。

材料

直徑 5cm 圓形切模

高筋麵粉…130g

砂糖 …1 茶匙

食鹽…1/4 茶匙

速發酵母…1/4 茶匙

蜂蜜…1 茶匙

冷開水…80g

無鹽奶油…10g

黑可可粉…適量

竹炭粉…適量

作法

A | 製作麵團

1 麵團基本作法請見 p.16 ～ p.18 的步驟 1 ～ 17。

B | 上色

2 利用黑可可粉加適量的水(材料分量外),調和出咖啡色色料。

3 將麵團沾取咖啡色色料,以揉麵的方式將顏色混合均勻(調色方式請見 p26)。

C | 一次發酵

4 將麵團整成表面平整光滑的圓形,放進抹了一點點油的大碗,用保鮮膜完整保覆住,放在溫暖處進行一次發酵,約半小時,等到麵團膨脹至兩倍大即可。

TIPS 發酵完畢,需用手輕壓、排出氣體,烤出來的麵包才不會有大氣泡。

D | 分切麵團

5 先將麵團平均分切 5 等份，每份再對切一半，形成 10 個麵團。

6 從 10 個麵團中再各切出一小部分，作為無尾熊的耳朵和腳（耳朵每個約 3g，腳每個約 2g，頭每個約 17g，身體每個約 18g）。

7 分別將麵團整成表面光滑的圓形。

TIPS 整形時，為了避免其他麵團變乾燥，需先用保鮮膜覆蓋。

E | 入模

8 用烘焙紙包覆圓形切模的四周，將身體部位的麵團放入後，再疊上頭部麵團。

9 放上耳朵及腳的小麵團。

F | 二次發酵

10 用保鮮膜完整包覆模型，放在溫暖處進行二次發酵，待麵團膨脹至 1.5 倍大即可。

11 用竹炭粉調和適量的水（材料分量外），畫上眼睛、鼻子、嘴巴等表情。

G | 烘烤

12 放入以 180℃ 上下火預熱好的烤箱，以 140℃ 烘烤 25 分鐘。

13 烘烤出爐時，將模型輕敲桌面幾下，以利脫模。

14 取出後立刻放於涼架，散除熱氣。

42
Flamingos

BREAD 42

紅鶴群

這一款紅鶴造型,讓手撕麵包更加生動立體,美麗姿態讓人一眼難忘。
也可以試試替換成竹炭粉,就能變化成黑天鵝的造型。

材料

直徑 18cm 空心蛋糕模

高筋麵粉…130g

砂糖 …1 茶匙

食鹽…1/4 茶匙

速發酵母…1/4 茶匙

蜂蜜…1 茶匙

冷開水…80g

無鹽奶油…10g

甜菜根粉…適量

竹炭粉…適量

作法

A | 製作麵團

1 麵團基本作法請見 p.16 ～ p.18 的步驟 1 ～ 17。

B | 上色

2 利用甜菜根粉加適量的水(材料分量外),調和出粉紅色色料。

3 將麵團沾取粉紅色色料,以揉麵的方式將顏色混合均勻(調色方式請見 p.26)。

C | 一次發酵

4 將麵團整成表面平整光滑的圓形,放進抹了一點點油的大碗,用保鮮膜完整保覆住,放在溫暖處進行一次發酵,約半小時,等到麵團膨脹至兩倍大即可。

TIPS 發酵完畢,需用手輕壓、排出氣體,烤出來的麵包才不會有大氣泡。

D｜分切麵團

5 將麵團平均分切6等份,每份再切出一小部分,作為紅鶴的脖子(脖子每個約5g,身體每個約33g)。

E｜整形

6 將大麵團整成表面光滑的圓形;將小麵團搓成小圓球。

7 再將小麵團整成長條狀,用保鮮膜包覆麵團,靜置鬆弛15分鐘,讓麵團變軟,以利等一下的拉長步驟。

TIPS 麵團很Q時,無法一次拉長,需先靜置休息一下。

F｜入模

8 在模型內塗上奶油,再將大麵團放入,盡量保持相同距離。

9 將長條狀麵團搓揉得更加細長,兩端微尖,將一端凹折成勾子狀。

G｜二次發酵

10 用保鮮膜完整包覆模型，放在溫暖處進行二次發酵，待麵團膨脹至 1.5 倍大即可。

H｜烘烤

11 放入以 180℃ 上下火預熱好的烤箱，以 140℃ 烘烤 25 分鐘。脖子部分因較為細長，烘烤約 15 分鐘就要出爐，注意不要造成上色。

12 烘烤出爐時，將模型輕敲桌面幾下，以利脫模。

13 取出後立刻放於涼架，散除熱氣。

I｜裝飾

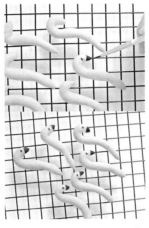

15 畫上波浪狀羽毛。

14 用竹炭粉調和適量的水（材料分量外），畫上眼睛、嘴巴。

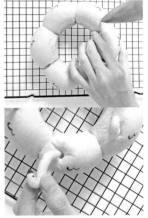

16 用刀在圓形麵包上切割出小洞，將紅鶴的脖子塞入即完成。

43
Wonderful
Rainbow

BREAD 43

夢幻彩虹

大部分手撕麵包的作法，是分切成一顆顆的小麵團再進行烘烤，
而這款彩虹麵包的特別之處，是利用三色麵團堆疊，切開剖面
即能看到色彩分明的三色彩虹。

材料

直徑 18cm 空心蛋糕模

高筋麵粉…130g

砂糖…1 茶匙

食鹽…1/4 茶匙

速發酵母…1/4 茶匙

蜂蜜…1 茶匙

冷開水…80g

無鹽奶油…10g

甜菜根粉…適量

黃梔子粉…適量

藍梔子粉…適量

作法

A │ 製作麵團

1 麵團基本作法請見 p.16 ～ p.18 的步驟 1 ～ 17。

B │ 上色

2 將麵團平均分切成 4 等份（每個約 57g）。

3 利用甜菜根粉加適量的水（材料分量外），調和出粉紅色，將一份麵團沾取粉紅色色料，以揉麵的方式將顏色混合均勻（調色方式請見 p.26）。

4 將黃梔子粉加入適量的水（材料分量外），調和出黃色；藍梔子粉加入適量的水（材料分量外），調和出藍色，以同樣的揉麵方式，分別將兩個麵團揉成黃色與藍色。

D │ 整形

6 將粉紅色麵團擀成長形片狀，再將兩側往中間折入。

7 將黃色麵團、藍色麵團以同樣的方式折成長條狀。

C │ 一次發酵

5 分別將麵團整成表面平整光滑的圓形，放進大碗用保鮮膜完整保覆住，放在溫暖處進行一次發酵，約半小時，等到麵團膨脹至兩倍大即可。

TIPS 不同顏色的麵團進行發酵時，需用烘焙紙隔開

TIPS 發酵完畢，需用手輕壓、排出氣體，烤出來的麵包才不會有大氣泡。

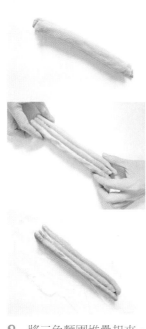

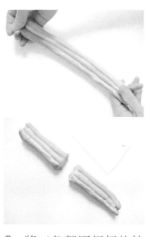

8 將三色麵團堆疊起來，用保鮮膜包覆麵團，靜置鬆弛 15 分鐘，讓麵團變軟，以利等一下的拉長步驟。

9 將三色麵團輕輕的拉長到大約可以剛好放滿模型的長度，再對切成兩半。

TIPS 麵團很 Q 時，無法一次拉長，需先靜置休息一下。

E｜入模

10 在模型內塗上奶油，將兩段三色麵團放入模型中。

11 將原色麵團分切成 11 等份，揉捏成圓形，疊放在三色麵團的交接處，作為雲朵。

F｜二次發酵

12 用保鮮膜完整包覆模型，放在溫暖處進行二次發酵，待麵團膨脹至 1.5 倍大即可。

G｜烘烤

13 放入以 180℃上下火預熱好的烤箱，以 140℃烘烤 25 分鐘。

14 烘烤出爐時，將模型輕敲桌面幾下，以利脫模。

15 取出後立刻放於涼架，散除熱氣。

BREAD 44

晚安好夢

揉麵團其實和揉黏土很相似，可以透過一些造型模具，
創造出更可愛的形狀。

材料

15cm 方形不沾模

高筋麵粉…130g

砂糖 …1 茶匙

食鹽…1/4 茶匙

速發酵母…1/4 茶匙

蜂蜜…1 茶匙

冷開水…80g

無鹽奶油…10g

藍梔子粉…適量

黃梔子粉…適量

甜菜根粉…適量

竹炭粉…適量

作法

A｜製作麵團

1 麵團基本作法請見 p.16～p.18 的步驟 1～17。

B｜上色

2 先取出 64g 的麵團，作為原色麵團。

3 將藍梔子粉加入適量的水（材料分量外），調和成藍色色料，分切出 160g 的麵團沾取色料，以揉麵的方式將顏色混合均勻（調色方式請見 p.26）。

4 以同樣的方式，將 20g 的麵團沾取黃梔子粉調成的色料；0.8g 的麵團沾取甜菜根粉調成的色料。

D｜分切麵團

C｜一次發酵

5 分別將麵團整成表面平整光滑的圓形，用保鮮膜完整保覆住，放在溫暖處進行一次發酵，約半小時，等到麵團膨脹至兩倍大即可。

TIPS 不同顏色的麵團進行發酵時，需用烘焙紙隔開。

TIPS 發酵完畢，需用手輕壓、排出氣體，烤出來的麵包才不會有大氣泡。

6 在模型內塗上奶油，將淡藍色麵團平均分切成 16 等份（每個約 10g），整成表面光滑的麵團，放入模型中。

E｜二次發酵

7 利用雲朵模型，在原色麵團上壓出兩片雲朵形狀（每個約 20g），放在藍色麵團上。

9 利用星星模型，在黃色麵團上壓出 6 個星星麵團（每個約 2g），隨意放在藍色麵團上。

12 用保鮮膜完整包覆模型，放在溫暖處進行二次發酵，待麵團膨脹至 1.5 倍大即可。

F｜烘烤

8 將剩餘的原色麵團分切成 12 等份（每個約 2g），整形成小圓球，放在藍色麵團中間。

10 將剩餘的黃色麵團整形成 4 個小圓球（每個約 2g），放在模型的四個角落。

13 放入以 180℃上下火預熱好的烤箱，以 140℃烘烤 25 分鐘。

14 烘烤出爐時，將模型輕敲桌面幾下，以利脫模。

15 取出後立刻放於涼架，散除熱氣。

11 將粉紅色麵團平均分切成 4 等份（每個約 0.2g），捏成小圓球，放在雲朵上，作為粉嫩腮紅。

16 用竹炭粉加水（材料分量外），調和黑色色料，畫上表情。

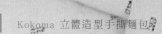
THE TOWN
AND THE COUN

〜 An Aesop

RETOLD & ILLUS

Bernadette

*45
Country Bunnies*

NORTH-SOUTH BOOK
NEW YORK · LONDON

BREAD 45

鄉村小兔

從英國童書《彼得兔的故事》得到這款手撕麵包的靈感，可以
一邊說著故事給小朋友聽，一邊品嚐著麵包的美味。

材料

15cm 方形不沾模

高筋麵粉…130g

砂糖 …1 茶匙

食鹽…1/4 茶匙

速發酵母…1/4 茶匙

蜂蜜…1 茶匙

冷開水…80g

無鹽奶油…10g

可可粉…適量

藍櫨子粉…適量

竹炭粉…適量

炸義大利麵…16 根

作法

A │ 製作麵團

1 麵團基本作法請見
p.16 ～ p.18 的 步 驟
1 ～ 17。

B │ 上色

2 利用藍櫨子粉加適量
的水（材料分量外），
調和出藍色色料。

3 取出 40g 的麵團，沾
取藍色色料，以揉麵
的方式將顏色混合均
勻（調色方式請見
p.26）。

4 以同樣的方式，將剩
餘麵團沾取少許的可
可粉調成的淡褐色色
料，揉成淡褐色麵團。

C │ 一次發酵

5 分別將麵團整成表面
平整光滑的圓形，用
保鮮膜完整保覆住，
放在溫暖處進行一次
發酵，約半小時，等
到麵團膨脹至兩倍大
即可。

TIPS 不同顏色的麵團進行
發酵時，需用烘焙紙隔開。

TIPS 發酵完畢，需用手輕
壓、排出氣體，烤出來的麵包
才不會有大氣泡。

D｜分切麵團

6 將淡褐色麵團平均分切成 16 等份，每份再切出一小部分，作為兔子的耳朵（耳朵每個約 2g，其他麵團作為臉部與身體，每個約 10g）。

7 找出大麵團平整光滑的一面，往四周撐開撫平，多餘的麵團往底部集中，將收口朝下放置。

TiPS 整形時，為了避免其他麵團變乾燥，需先用保鮮膜覆蓋。

E｜入模

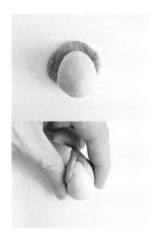

8 在模型內塗上奶油，將 8 個作為頭部的麵團放入。

9 將藍色麵團平均分切成 8 等份（每個約 5g），作為衣服。

10 將麵團整成表面光滑的圓形，再擀成片狀。

11 用藍色麵團包覆住淡褐色麵團，將尾端捏成尖尖的形狀，兔子的身體即完成。

12 將兔子的身體放入模型中，與頭部接合在一起。

13 將淡褐色小麵團捏成
小圓球後，壓成扁平
狀，再捲成短短的條
狀，作為耳朵。

F｜二次發酵

14 用保鮮膜完整包覆模
型與耳朵麵團，放在
溫暖處進行二次發
酵，待麵團膨脹至 1.5
倍大即可。

G｜烘烤

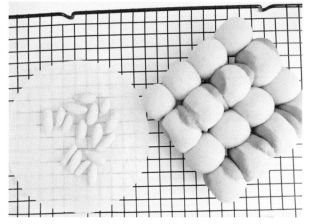

15 放入以 180℃ 上下火
預熱好的烤箱，以
140℃ 烘烤 25 分鐘。
耳朵部分因較為細
小，烘烤約 15 分鐘就
要先出爐，注意不要
造成上色。

16 烘烤出爐時，將模型
輕敲桌面幾下，以利
脫模。

17 取出後立刻放於涼
架，散除熱氣。

19 利用炸義大利麵將耳
朵固定在頭部。

18 用竹炭粉調和適量的
水（材料分量外），
畫上眼睛與鼻子。

 BREAD 46

黑貓與女孩

這一款手撕麵包的創作靈感來自動畫電影《魔女宅急便》，
很喜歡將身邊的可愛事物加入創作裡，你也可以試試看喔！

Yummy! Yummy!

材料

直徑 18cm 空心蛋糕模

高筋麵粉…130g

砂糖 …1 茶匙

食鹽…1/4 茶匙

速發酵母…1/4 茶匙

蜂蜜…1 茶匙

冷開水…80g

無鹽奶油…10g

可可粉…適量

竹炭粉…適量

胡蘿蔔粉…適量

甜菜根粉…適量

苦甜巧克力…少許

圓形白巧克力片…8 片

紅色愛心糖片…少許

作法

A ｜ 製作麵團

1 麵團基本作法請見 p.16 ～ p.18 的步驟 1 ～ 17。

B ｜ 上色

2 利用可可粉加適量的 水（材料分量外）， 調和出土黃色色料。

3 取出 20g 的麵團，沾 取土黃色色料，以揉 麵的方式將顏色混合 均勻（調色方式請見 p.26），此作為小女 孩頭髮。

4 以同樣的方式，取出 96g 麵團揉入胡蘿蔔 粉色料，作為小女孩 的臉；取出 108g 的 麵團揉入竹炭粉色 料，作為黑貓。

C ｜ 一次發酵

5 分別將麵團整成表面 平整光滑的圓形，用 保鮮膜完整保覆住， 放在溫暖處進行一次 發酵，約半小時，等 到麵團膨脹至兩倍大 即可。

TIPS 不同顏色的麵團進行 發酵時，需用烘焙紙隔開。

TIPS 發酵完畢，需用手輕 壓、排出氣體，烤出來的麵包 才不會有大氣泡。

D │ 分切麵團

6 將淡粉色麵團平均分
切成 4 等份（每個約
24g），整成表面光滑
的圓形。

7 將土黃色麵團平均分
切成 4 等份（每個約
20g），整成表面光滑
的圓形，壓成如圖示
的扁平狀，再用刀子
割畫出瀏海。

8 將土黃色麵團包覆住
粉色麵團，稍微調整
一下瀏海造型。

9 將黑色麵團平均分切
4 等份，每份再切出
一小部分（約 2g），
作為黑貓的耳朵。

10 將黑色小麵團再對切
一半（每個約 1g），
揉捏成小圓球後壓成
扁平狀，再捏成如圖
示的三角形。

E │ 入模

11 在模型內塗上奶油，
再將小女孩麵團與黑
貓麵團交錯擺放。

12 黏上黑貓的耳朵。

TiPS 耳朵的兩端要壓緊，
以免二次發酵時會翹起來。

F｜二次發酵

13 用保鮮膜完整包覆模型，放在溫暖處進行二次發酵，待麵團膨脹至 1.5 倍大即可。

G｜烘烤

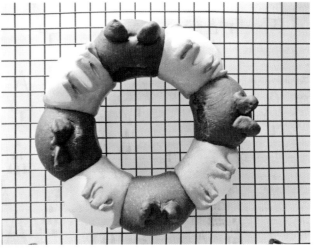

14 放入以 180℃上下火預熱好的烤箱，以 140℃烘烤 25 分鐘。

15 烘烤出爐時，將模型輕敲桌面幾下，以利脫模。

16 取出後立刻放於涼架，散除熱氣。

H｜裝飾

17 以竹籤沾取融化的苦甜巧克力，在白色巧克力片上畫上長形的眼睛。

18 將紅色愛心糖片剝成小片作為鼻子，利用融化巧克力作為固定劑，將眼睛和鼻子黏在黑貓上。

19 利用融化巧克力畫上小女孩的眼睛、嘴巴。

20 用甜菜根粉調和適量的水（材料分量外），畫上腮紅。

47
Christmas Wreath

BREAD 38

聖誕花圈

紅色與綠色是聖誕節的代表顏色，加上白色的雪人，
就能製作出這一款聖誕花圈，帶來濃濃的過節氣氛。

材料

直徑 18cm 空心蛋糕模

高筋麵粉…130g

砂糖 …1 茶匙

食鹽…1/4 茶匙

速發酵母…1/4 茶匙

蜂蜜…1 茶匙

冷開水…80g

無鹽奶油…10g

紅麴粉…適量

抹茶粉…適量

竹炭粉…適量

愛心糖片…適量

彩色糖粒…適量

作法

A｜製作麵團

1 麵團基本作法請見
p.16 ～ p.18 的 步 驟
1 ～ 17。

B｜上色

2 利用抹茶粉加適量的
水（材料分量外），
調和出綠色色料。

3 取 出 192g 的 麵 團，
沾取綠色色料，以揉
麵的方式將顏色混合
均勻（調色方式請見
p.26）。

4 以同樣的方式，取出
10g 麵團揉入紅麴粉
色料，作為蝴蝶結；
其 他 剩 餘 麵 團（約
8g）保持原色，作為
雪人。

C｜一次發酵

5 分別將麵團整成表面
平整光滑的圓形，用
保鮮膜完整保覆住，
放在溫暖處進行一次
發酵，約半小時，等
到麵團膨脹至兩倍大
即可。

TIPS 不同顏色的麵團進行
發酵時，需用烘焙紙隔開。

TIPS 發酵完畢，需用手輕
壓、排出氣體，烤出來的麵包
才不會有大氣泡。

D｜分割整形

6 將綠色麵團平均分切成 16 等份（每個約12g）。

7 在模型內塗上奶油，將綠色小麵團整成表面光滑的圓形，先將 8 顆放入靠近中心的位置並保持適當間距，再將 8 顆放入外圍的位置。

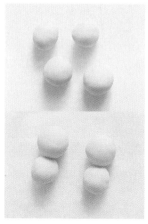

8 將原色麵團平均分切成 4 等份（每個約2g），整成表面光滑的圓形後，分別將 2 顆黏在一起。

9 利用牙籤鑽出小洞，將彩色糖粒與愛心糖片放入。

10 將紅色麵團擀成如圖示的片狀，分切成 4 等份。

11 將兩側較小的兩片相疊再擀成片狀。

E ｜二次發酵

12 將最長的一部分分切成兩段，第二長的部分將兩端往中間折起，再用最短一段包覆住中間，修飾成如圖示的形狀。

14 將麵團放入模型中，用保鮮膜完整包覆，放在溫暖處進行二次發酵，待麵團膨脹至 1.5 倍大即可。

15 用竹炭粉調和適量的水（材料分量外），畫上雪人的表情。

F ｜烘烤

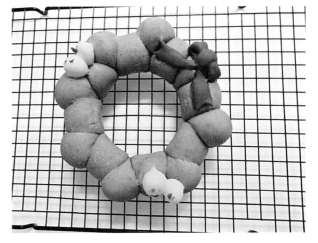

13 將蝴蝶結與兩隻雪人放在綠色麵團上。

16 放入以 180℃ 上下火預熱好的烤箱，以 140℃ 烘烤 25 分鐘。

17 烘烤出爐時，將模型輕敲桌面幾下，以利脫模。

18 取出後立刻放於涼架，散除熱氣。

19 利用竹籤沾取融化的白巧克力，點在綠色麵包上。

48
Elk Wreath

BREAD 48

麋鹿花圈

冬青的葉子與果實是聖誕節的象徵物之一，
搭配上擁有長長鹿角與圓圓紅鼻的麋鹿，捎來濃濃的聖誕氣息。

材料

15cm 方形不沾模

高筋麵粉…130g

砂糖 …1 茶匙

食鹽…1/4 茶匙

速發酵母…1/4 茶匙

蜂蜜…1 茶匙

冷開水…80g

無鹽奶油…10g

可可粉…適量

抹茶粉…適量

紅麴粉…適量

竹炭粉…適量

棒狀餅乾…適量

作法

A │ 製作麵團

1 麵團基本作法請見 p.16 ～ p.18 的步驟 1 ～ 17。

B │ 上色

2 利用可可粉加適量的 水（材料分量外）， 調和出咖啡色色料。

3 取出 182g 的麵團， 沾取咖啡色色料，以 揉麵的方式將顏色混 合均勻（調色方式請 見 p.26）。

4 以同樣的方式，取出 20g 麵團揉入紅麴粉 色料，作為紅果；取 出 24g 麵團揉入抹茶 粉色料，作為綠葉。

C │ 一次發酵

5 分別將麵團整成表面 平整光滑的圓形，用 保鮮膜完整保覆住， 放在溫暖處進行一次 發酵，約半小時，等 到麵團膨脹至兩倍大 即可。

TIPS 不同顏色的麵團進行 發酵時，需用烘焙紙隔開。

TIPS 發酵完畢，需用手輕 壓、排出氣體，烤出來的麵包 才不會有大氣泡。

D │ 分切麵團

6 從咖啡色麵團中取出 2 個 1g 的小麵團，再 平均分切成 9 等份（每 個約 20g），整成表 面光滑的圓形，放入 塗上奶油的模型。

7 將兩個小麵團放入中 間的大麵團上，作為 麋鹿的耳朵。

8 將綠色麵團擀成片狀，再用葉子模型壓出 8 個葉子麵團，放在咖啡色麵團上。

9 將紅色麵團分切成 20 等份（每個約 1g），整成圓球狀，一個放在中間的咖啡麵團上，作為麋鹿的鼻子，其他裝飾在綠葉旁邊。

E｜分切麵團

10 用保鮮膜完整包覆模型，放在溫暖處進行二次發酵，待麵團膨脹至 1.5 倍大即可。

F｜烘烤

11 放入以 180℃ 上下火預熱好的烤箱，以 140℃ 烘烤 25 分鐘。

12 烘烤出爐時，將模型輕敲桌面幾下，以利脫模。

13 取出後立刻放於涼架，散除熱氣。

G｜裝飾

14 用竹炭粉調和適量的水（材料分量外），畫上眼睛與嘴巴。

15 利用剪刀鑽出兩個小洞，將乾餅插入。

Black Rabbits

BREAD 49

睡袋短耳兔

互相靠著、窩在被窩裡的小兔子，
讓人看了心也跟著暖了起來。

材料

直徑 18cm 空心蛋糕模

高筋麵粉…130g

砂糖…1 茶匙

食鹽…1/4 茶匙

速發酵母…1/4 茶匙

蜂蜜…1 茶匙

冷開水…80g

無鹽奶油…10g

竹炭粉…適量

抹茶粉…適量

黃梔子粉…適量

紅麴粉…適量

白巧克力…適量

作法

A │ 製作麵團

1 麵團基本作法請見 p.16 ～ p.18 的步驟 1 ～ 17。

B │ 上色

2 利用竹炭粉加適量的水（材料分量外），調和出黑色色料。

3 取出 78g 的麵團，沾取黑色色料，以揉麵的方式將顏色混合均勻（調色方式請見 p.26）。

C │ 一次發酵

4 分別將麵團整成表面平整光滑的圓形，放在溫暖處進行一次發酵，約半小時，等到麵團膨脹至兩倍大。

TIPS 不同顏色的麵團進行發酵時，需用烘焙紙隔開。

TIPS 發酵完畢，需用手輕壓、排出氣體，烤出來的麵包才不會有大氣泡。

D │ 分切麵團

5 分別將兩種麵團平均分切成 3 等份，再從黑色麵團中取出一小部分作為耳朵（耳朵每個約為 1g，原色麵團每個約為 48g，黑色麵團每個約為 25g）。

6 將黑色麵團整成表面光滑的圓形，先將大麵團放入塗上奶油的模型中，再將小麵團黏上。

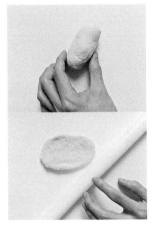

7 將原色麵團整形成橢圓狀,再擀成扁平狀。

8 將麵團兩端往中間折入,並將折口處捏緊。

9 將麵團放入模型,折口處朝下,再用剪刀將耳朵對剪一半。

E｜二次發酵

10 用保鮮膜完整包覆模型,放在溫暖處進行二次發酵,待麵團膨脹至 1.5 倍大即可。

11 用不同顏色的色粉調和適量的水(材料分量外),畫上睡袋的圖案,可以隨心所欲的創作。

F｜烘烤

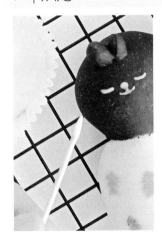

12 放入以 180℃ 上下火預熱好的烤箱,以 140℃烘烤 25 分鐘。

13 烘烤出爐時,將模型輕敲桌面幾下,以利脫模。

14 取出後立刻放於涼架,散除熱氣。

15 用牙籤沾取融化的白巧克力,畫上表情。

BREAD 50

豌豆三兄弟

豌豆莢裡住著感情很好的豌豆三兄弟，
跟著他們一起洋溢幸福的笑容。

50
Peas

材料

15cm 方形不沾模

高筋麵粉…70g

砂糖…1/2 茶匙

食鹽…1/8 茶匙

速發酵母…1/8 茶匙

蜂蜜… 1/2 茶匙

冷開水…43g

無鹽奶油…5g

抹茶粉…適量

竹炭粉…適量

紅麴粉…適量

作法

A │ 製作麵團

1 麵團基本作法請見 p.16 〜 p.18 的步驟 1 〜 17。

B │ 上色

2 取出約 2g 的小麵團，作為小花麵團。再從其中取出一丁點麵團，沾取紅麴粉色料（調色方式請見 p.26），作為花蕊。

3 抹茶粉中加入適量的水（材料分量外），調和出顏色，成為色料。將麵團沾取色料，以揉麵的方式將顏色混合均勻。

C │ 一次發酵

4 將麵團整成表面平整光滑的圓形，用保鮮膜完整保覆住，放在溫暖處進行一次發酵，約半小時，等到麵團膨脹至兩倍大。

TIPS 發酵完畢，需用手輕壓、排出氣體，烤出來的麵包才不會有大氣泡。

D │ 分切麵團

5 將綠色麵團分切成 9 個 7g，作為豆子（有大有小也無妨）；3 個 18g，作為豆莢。

E │ 整形

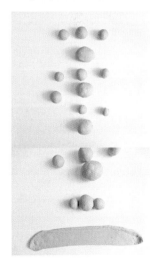

6 將麵團整成表面光滑的圓形，再將作為豆莢的麵團擀成長長的片狀。

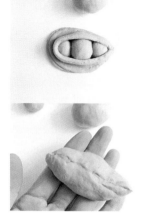

7 用豆莢麵團將三個豆子麵團完整包覆，並將底部捏緊密合。

8 將豆莢兩側捏得有點尖尖的。

F｜二次發酵

9 將麵團放入模型，用保鮮膜完整包覆模型，放在溫暖處進行二次發酵，待麵團膨脹至 1.5 倍大即可。

G｜畫上表情

10 分別用竹炭粉、紅麴粉調和適量的水（材料分量外），畫上喜歡的表情。

11 將原色麵團壓成小花狀，再黏上紅色花芯麵團裝飾。

H｜烘烤

12 放入以 180℃上下火預熱好的烤箱，以 140℃烘烤 25 分鐘。

13 取出後立刻放於涼架，散除熱氣。

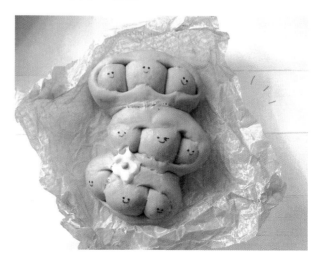

51
Valentine Flower

BREAD 51

情人小貓花束

玩膩了基本的模型嗎？不妨試試用愛心烤模來創作吧！
心型造型似乎更能傳遞濃情蜜意呢！

材料

直徑 16cm 心型蛋糕模

高筋麵粉…130g

砂糖…1 茶匙

食鹽…1/4 茶匙

速發酵母 …1/4 茶匙

蜂蜜…1 茶匙

冷開水…80g

無鹽奶油…10g

紅麴粉…適量

抹茶粉…適量

愛心糖片…4 個

作法

A │ 製作麵團

1 麵團基本作法請見 p.16 ～ p.18 的 步 驟 1 ～ 17。

B │ 上色

2 利用紅麴粉加適量的水（材料分量外），調和出粉紅色色料。

3 取出 156g 麵團，沾取粉紅色色料，以揉麵的方式將顏色混合均勻（調色方式請見 p.26）。

4 以同樣的方式，取出 12g 的麵團，沾取抹茶粉調成的色料。

5 剩餘約 52g 的麵團保持原色。

C │ 一次發酵

6 分別將麵團整成表面平整光滑的圓形，用保鮮膜完整保覆住，放在溫暖處進行一次發酵，約半小時，等到麵團膨脹至兩倍大即可。

TIPS 不同顏色的麵團進行發酵時，需用烘焙紙隔開。

TIPS 發酵完畢，需用手輕壓、排出氣體，烤出來的麵包才不會有大氣泡。

D │ 分切麵團

7 將粉紅色麵團平均切分成 6 等份（每個約 26g），整成表面光滑的圓形，再擀成扁平狀。

10 將綠色麵團分切成 6
等份（每個約 2g），
壓成扁平狀並畫出葉
脈線條，黏在紅花麵
團上。

8 將扁平狀的麵團對折
並捲起來，就會呈現
像花朵的形狀。

9 將 6 個捲好的花形麵
團，與平均分切成 2
等份的原色麵團（每
個約 26g）放入塗了
奶油的模型中。

E｜二次發酵

11 用保鮮膜完整包覆模
型，放在溫暖處進行
二次發酵，待麵團膨
脹至 1.5 倍大即可。

F｜烘烤

12 放入以 180℃ 上下火
預熱好的烤箱，以
140℃ 烘烤 25 分鐘。

13 烘烤出爐時，將模型
輕敲桌面幾下，以利
脫模。

14 取出後立刻放於涼
架，散除熱氣。

15 用竹炭粉加水（材料
分量外），調和黑色
色料，畫上表情。

BREAD 52

愛 心 動 物 園

利用粉嫩的色彩搭配上心型造型，
讓人感覺既溫柔又甜蜜。

52
Love Zoo

材料

直徑 16cm 心型蛋糕模

高筋麵粉…130g

砂糖…1 茶匙

食鹽…1/4 茶匙

速發酵母 …1/4 茶匙

蜂蜜…1 茶匙

冷開水…80g

無鹽奶油…10g

甜菜根粉…適量

南瓜粉…適量

可可粉…適量

愛心糖片…適量

雷根糖…適量

白巧克力…適量

作法

A │ 製作麵團

1　麵團基本作法請見
　　p.16 ～ p.18 的 步 驟
　　1 ～ 17。

B | 上色

2 將麵團平均分切成兩半（每份約 112g）。

3 利用甜菜根粉加適量的水（材料分量外），調和出粉紅色色料。

4 取出一份麵團，沾取粉紅色色料，以揉麵的方式將顏色混合均勻（調色方式請見 p.26）。

5 以同樣的方式，將另一份麵團沾取南瓜粉調成的色料。

C | 一次發酵

6 分別將麵團整成表面平整光滑的圓形，用保鮮膜完整保覆住，放在溫暖處進行一次發酵，約半小時，等到麵團膨脹至兩倍大即可。

TIPS 不同顏色的麵團進行發酵時，需用烘焙紙隔開。

TIPS 發酵完畢，需用手輕壓、排出氣體，烤出來的麵包才不會有大氣泡。

D | 分切麵團

7 分別將黃色麵團與粉紅色麵團平均分切成 4 等份（每個約 28g），整成表面光澤的圓形，放入塗了奶油的模型中。

E | 二次發酵

8 用保鮮膜完整包覆模型，放在溫暖處進行二次發酵，待麵團膨脹至 1.5 倍大即可。

F | 烘烤

9 放入以 180℃ 上下火預熱好的烤箱，以 140℃ 烘烤 25 分鐘。

10 烘烤出爐時，將模型輕敲桌面幾下，以利脫模。

11 取出後立刻放於涼架，散除熱氣。

12 將雷根糖分成兩半，作為耳朵。

13 用可可粉調和適量的水（材料分量外），畫上表情。

Enjoy life, Choose Président

Crème Supérieure
Whipping Cream

1L

PRÉSIDENT
French Butter
UNSALTED
500g

總統牌乳製品

PRÉSIDENT，隸屬歐洲最大乳製品集團 The Lactalis Group，98%的法國人認為總統牌乳製品不但保有傳統美食製作精神，更是市場第一領導品牌！
總統牌發酵奶油，選用法國最佳牛乳產區「布列塔尼」的新鮮牛乳製作，擁有濃醇馥郁的天然乳脂香氣及堅果芳香，奶油中富含維生素A、E，對強化皮膚、視力及促進新陳代謝皆是不可或缺的重要元素。溫潤滑順的口感適合烹飪各式鹹、甜料理，或直接搭配麵包、貝果一起享用！

聯　馥　食　品
www.gourmetspartner.com
台北 (02)2898-2488　台中 (04)2452-2288　高雄 (07)3411-799

 聯馥食品
粉絲團

美味早午餐生活提案

10 分鐘做早餐

一個人吃、兩人吃、全家吃都充滿幸福
的 120 道早餐提案【暢銷修訂版】

天天吃一樣的早餐？這樣的人生多無趣！
「10 分鐘早餐」快速、美味、多變化！
收錄 120 道早餐料理，提供最多元的選擇。
一個人、兩個人、全家人，一起床，就開
始幸福。

崔耕真—— 著

Le Creuset
鑄鐵鍋手作早午餐

鬆餅・麵包・鹹派・濃湯・歐姆蛋・
義大利麵，45 道美味鑄鐵鍋食譜

〔一個人的細細品味、全家人的溫暖共享〕
優雅上桌 ・ 我的假日悠閒時光
休日慢食，迎接一日的美好
享受恬靜美味的早午餐時光
人氣料理家的 45 道經典早午餐料理輕鬆學

Le Creuset Japon K.K —— 編著

坂田阿希子／食譜審訂

生活樹系列 043

Kokoma 立體造型手撕麵包

作　　　者	Kokoma
總 編 輯	何玉美
副 總 編 輯	陳永芬
主　　　編	紀欣怡
封 面 設 計	蕭旭芳
內 文 排 版	nana

出 版 發 行	采實文化事業股份有限公司
行 銷 企 劃	陳佩宜・黃于庭・馮羿勳
業 務 發 行	張世明・林踏欣・林坤蓉・王貞玉
會 計 行 政	王雅蕙・李韶婉
法 律 顧 問	第一國際法律事務所　余淑杏律師
電 子 信 箱	acme@acmebook.com.tw
采實粉絲團	http://www.facebook.com/acmebook01

Ｉ Ｓ Ｂ Ｎ	978-986-94277-6-0
定　　　價	380 元
初 版 一 刷	2017 年 03 月
初 版 八 刷	2019 年 10 月
劃 撥 帳 號	50148859
劃 撥 戶 名	采實文化事業股份有限公司
	104 台北市中山區南京東路二段 95 號 9 樓
	電話：(02)2511-9798
	傳真：(02)2571-3298

國家圖書館出版品預行編目資料

Kokoma 立體造型手撕麵包 / Kokoma 作 . -- 初版 . --
臺北市：采實文化, 2017.03
　　面；　公分 . -- (生活樹系列 ; 43)
ISBN 978-986-94277-6-0(平裝)

1. 點心食譜 2. 麵包

427.16　　　　　　　　　　　　106001695

采實文化　采實文化事業有限公司
ACME PUBLISHING

104台北市中山區建國北路二段92號9樓

采實文化讀者服務部　收

讀者服務專線：02-2518-5198

沒有基礎也ok！

Kokoma

立　體　造　型

手撕麵包

揉一揉、疊一疊，*52* 款
可愛·暖心·療癒的造型手撕麵包

Kokoma立體造型手撕麵包

讀者資料（本資料只供出版社內部建檔及寄送必要書訊使用）：

1. 姓名：

2. 性別：□男　□女

3. 出生年月日：民國　　　年　　　月　　　日（年齡：　　　歲）

4. 教育程度：□大學以上　□大學　□專科　□高中（職）　□國中　□國小以下（含國小）

5. 聯絡地址：

6. 聯絡電話：

7. 電子郵件信箱：

8. 是否願意收到出版物相關資料：□願意　□不願意

購書資訊：

1. 您在哪裡購買本書？□金石堂（含金石堂網路書店）　□誠品　□何嘉仁　□博客來
　　□墊腳石　□其他：＿＿＿＿＿＿＿＿＿＿＿＿＿＿＿＿＿＿（請寫書店名稱）

2. 購買本書日期是？＿＿＿＿＿＿年＿＿＿＿＿＿月＿＿＿＿＿＿日

3. 您從哪裡得到這本書的相關訊息？□作者臉書　□雜誌　□電視　□廣播　□親朋好友告知
　　□逛書店看到　□別人送的　□網路媒體

4. 什麼原因讓你購買本書？□喜歡烘培　□媒體推薦　□喜歡作者　□封面吸引人
　　□內容好，想買回去參考　□其他：＿＿＿＿＿＿＿＿＿＿＿＿＿＿＿＿（請寫原因）

5. 看過書以後，您覺得本書的內容：□很好　□普通　□差強人意　□應再加強　□不夠充實
　　□很差　□令人失望

6. 對這本書的整體包裝設計，您覺得：□都很好　□封面吸引人，但內頁編排有待加強
　　□封面不夠吸引人，內頁編排很棒　□封面和內頁編排都有待加強　□封面和內頁編排都很差

寄回函，抽好禮

活動期間：即日起至2017年5月7日止（郵戳為憑）

活動方法：填妥書中回函，寄至10479台北市建國
　　　　　　北路二段92號9樓 采實文化 收

得獎公布：2017年5月17日公布於采實文化粉絲團

采實文化粉絲團

10名 法國頂級CACAO BARRY可可巴芮防潮可可粉
（COCOA POWDER EXTRA-BRUTE）

嚴選成立已近165年歷史的法國知名巧克力品牌【CACAO BARRY可可巴芮防潮可可粉】，其搶眼的紅棕色可可粉，風味濃郁，適合作為各式甜點表面裝飾或外覆松露巧克力，更增其美妙風味。

● 商品產地：法國
● 容量：1KG／PC
● 保存方式：冷藏